最初からそう教えてくれればいいのに!

図解! システム開発で 失敗しないための

ツボとコツが ゼッタイに わかる本

中田 亨 著
山本特許法律事務所 弁護士
三坂 和也 監修

秀和システム

はじめに

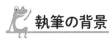 ## 執筆の背景

　中小企業庁が公表した2023年版中小企業白書によると、従業員数が少ない企業ほどITの活用に対して「費用の負担が大きい」「デジタル化を推進できる人材がいない」「必要性を感じていない」といった傾向がみられます。

　これらの問題を解決するためには、社内業務に対する理解を有し、ITの活用方法や導入によるメリットなどを経営層に対して説明できる人材の存在が求められますが、特に中小企業にはITを推進する部署がなかったり、専門知識を有する人材がいないことが少なくありません。

　そのような状況下でITシステムの導入を進めるには、発注側（ユーザー）と受注側（ベンダー）それぞれに次のようなリスクがついてまわります。

発注側のリスク

- システム開発会社から提示された見積が予算に合わない。
- 導入すれば期待どおりの効果が得られるのかどうかわからない。
- ITに詳しくない社員でもシステムを活用できるかどうか不安。
- 経営層にシステム化の必要性や重要性をうまく説明できない。
- 運用後のサポートをどこまでやってもらえるのか不安。

受注側のリスク

- 時間をかけて提案しても予算の問題で受注につながらない。
- 要件追加や変更が発生してプロジェクトが赤字になる。
- 顧客にスケジュールやコストに対する責任感が不足していてプロジェクトが赤字になる。
- 顧客が言語化できない非機能要件を実現するためのコストを説明しても理解してもらえない。
- 製造ミス（瑕疵）と仕様変更の違いを理解してもらえない。

これらのリスクをどこまで排除、軽減できるかは、発注者と受注者の認識齟齬をどこまで埋められるかにかかっていますが、教科書的な情報だけでなく現場で得た知見を元にしたリアルな情報もお届けしたほうが役に立つだろうという思いから本書を執筆することにしました。

 ## 本書の目的

本書の目的は、上記のようなリスクを回避するためにユーザーとベンダーの双方が知っておくべき知識や視点を、実際にあったプロジェクトをモデリングした架空のプロジェクトで解説することです。

 ## 対象読者

発注者：中小企業の担当者（システム開発に詳しくない方）
受注者：システム開発会社またはフリーランスのSE

 ## 本書で説明する内容

Chapter01 で失敗のパターンと対策を示し、Chapter02 で双方が知っておくべきことを解説します。そして Chapter03 ～ 05 は架空のプロジェクトについてケーススタディー（事例研究）を行い、開発現場で実際に起こりうる問題への対処方法を解説します。

Chapter03：システム開発会社へ発注する場合
Chapter04：フリーランスへクラウドソーシング経由で発注する場合
Chapter05：フリーランスへ直接発注する場合

Chapter 01　システム開発の失敗事例（アンチパターン）

Chapter 02 ユーザーとベンダーが 知っておくべきこと

Chapter
03

システム開発会社へ発注する場合

Chapter 04 フリーランスへクラウドソーシング経由で発注する場合

Chapter
05 フリーランスへ直接発注する場合

Chapter 06 システム開発関連の法律知識

システム開発の失敗事例
（アンチパターン）

システム開発が失敗する要因を、実際に
あった開発プロジェクトや過去の裁判事例
から分析し、失敗しないために大切なこと
をまとめます。

01 システム開発プロジェクトが失敗するのはなぜ？

システム開発を成功させるのは難しいというイメージが強いけれど、実際のところはどうなの？

20年前と比べると成功率は上がっているけれど、まだまだ失敗するプロジェクトが多いのが実情だよ

システム開発プロジェクトの失敗とは？

　①納期が当初の計画よりも大幅に遅れてしまった。②予算が当初の計画よりも大幅に膨らんで赤字になってしまった。③使い勝手が悪く、不具合が多い。④備えるべき機能が備わっていない。このようなプロジェクトは、たとえシステム自体が完成したとしても、プロジェクトとしては失敗と考えられます。

　当初の計画どおりにならなかったということは、ユーザーとベンダーが合意したとおりにならなかったことを意味するからです。

プロジェクトの失敗

納期遅延	赤字	品質不良	要件不適合

😣 Error!

こういうプロジェクトは失敗だ

システム開発プロジェクトが失敗する原因は？

　プロジェクトが失敗する主な原因として、①要件定義が曖昧、②技術力の不足、③予算オーバー、④プロジェクト管理の失敗が挙げられます。

プロジェクトが失敗する主な原因

●なぜ要件定義が曖昧になるの？

　要件定義とは、<u>ユーザーからヒアリング（聞き取り）した要望を実現するために必要な機能（機能要件）を明確にして、それらをどのような方向性・手順で構築していくのかを「要件定義書」として文書化する工程</u>です。

　要件定義が適切に行われずに曖昧な内容のまま開発を始めたプロジェクトは、高い確率で失敗します。工数、技術力、予算、要員といったシステム開発の規模は要件定義の精度に依存するからです。

　要件定義が曖昧になる主な原因は、①ユーザーの業務内容を十分に調査・理解できていない、②機能の分け方が大雑把すぎる、③ユーザーが要件定義の工程をベンダーに丸投げする、④ユーザーが要望（願望、希望）と要件を混同する、といったことが挙げられます。

① ユーザーの業務内容を十分に調査・理解できていない

　ユーザーの業務内容を正しく理解していないと、要件定義書に書かれた機能が現場業務の実態に合わず、要件を満たさないシステムができあがってしまいます。そのため、要件定義を行う人には「ユーザーの代わりに業務を行うことができるくらいの理解」が求められます。業務の現場に足も運ばず、インタビューやアンケート程度で要件定義ができる場合ばかりとは限りません。

② 機能の分け方が大雑把すぎる

　たとえば、店舗の売上管理システムにおいて、各店舗の売上データを本社の基幹システムへ連携する機能が必要な場合、要件定義書に「売上データ連携機能」としか書かれていなかったらどうなるでしょうか?

　「毎日の各店舗の売上について、商品番号・商品名・数量・金額など必要なデータがすべて連携されるのだろう」と期待したユーザーは、要件定義書の内容に合意するでしょう。しかし、要件定義書を元にシステムの設計を行う人が見ると、「いつ、どのタイミングで、どこからどこへ、どのようなデータを、どのような方法で連携するのか」という要件が全く読み取れないので、設計ができません。このように要件が曖昧な状態で開発を進めると、本来の意図と異なるシステムができあがってしまいます。

③ ユーザーが要件定義の工程をベンダーに丸投げする

　ユーザーが積極的に要件定義に参加せずベンダーに丸投げすると、曖昧な要件定義書ができあがります。要件の漏れは設計の漏れにつながるので、完成したシステムも、本来必要な機能が漏れた「使えないシステム」になってしまいます。

　どんなにベンダーが経験豊富でヒアリング能力に優れていても、ユーザーがコミュニケーションの扉を閉ざしていると、プロジェクトはうまくいきません。システムの設計やプログラミングはベンダーが行いますが、**要件定義はユーザーとベンダーの双方が参加する必要がある**ということと、**合意した要件定義書に基づいて開発されたシステムを運用した結果に対する責任を負うのはユーザー**だという認識が十分に浸透していないことも背景にあります。

④ ユーザーが要望(願望、希望)と要件を混同する

　ユーザーのすべての要望(願望、希望)がシステム化できるとは限りません。たとえば社内で利用する稟議システムにおいて、社員が稟議書を作成して上長にメールで提出する作業はシステム化できても、上長が承認する作業は稟議書に目を通さなければならないのでシステム化できません。

　要件定義には、システムの機能として実装する要望と実装しない要望を明確にする役目があります。ユーザーがこのことを理解していないと、開発が始まってから新たな要望が出てきたとき、ベンダーとの間で次のようなトラブルが起きる可能性があります。

上長が不在の場合は別の上長が代理で承認できるようにして欲しい

 代理承認の機能は要件定義書に盛り込まれていないので、追加料金で対応させていただきます。納期も1ヶ月遅れることになります

 それは困る！　なんとか当初の予算と納期でできませんか？

 そう言われましても…（うちが赤字になってしまう）

 約束が違うじゃないか！　こんなに要望しているのに！

 そちらこそ約束を守ってください。何のための要件定義ですか？

●なぜ技術力不足になるの？

　世の中に技術力の高い人材がいないわけではありませんが、**開発する機能を実装するためにどのくらいの技術力を持った人材が必要なのか**を正しく判断できる人がいなければ、開発する機能に対して調達した人材の技術力が足りずに、多くの工数がかかった割には品質の低いシステムができあがってしまいます。

　最も開発予算を圧迫するのは人件費ですから、ベンダーの営業担当者（開発要員の調達を行う人）は、なるべく調達コストを下げて自社の利益率を上げたいと考えます。その結果、経験年数が浅くて技術力も高くない、単価の安い人材を調達することにつながります。また、ユーザーと受注金額の交渉を行うのも営業担当者なので、受注を獲得するために開発者が見積もった金

額よりも安い金額をユーザーへ提示することもあります。

● なぜ予算オーバーになるの？

　予算が決まっているプロジェクトにおいては、最初から要件定義書にすべての要望を盛り込むことは（予算的に）難しいです。しかし、開発が進んで少しずつ形になってきたシステムのデモ画面を見たユーザーは、当初の要望を思い出して、今ここで要望を言えば取り入れてもらえるかもしれないという期待を抱きます。ここで**ベンダーが要望を無条件で受け入れてしまうと、当初の計画にない追加の開発をすることになるので、ベンダーの開発予算がオーバー（赤字プロジェクト）してしまいます。**

　また、要件定義書の記述内容が曖昧だった場合も、予算の問題が起きやすいです。先ほどユーザーとベンダーが激しい口論になったように、要件定義の工程での考慮漏れを埋めるためには追加予算を組まなければならないことが多く、お互いが相手にその責任（費用の負担）を押し付けようとしてトラブルになります。

Point!

要件定義が終了した時点で、要件定義書に盛り込まれていない機能は開発の対象外であることをユーザーとベンダーの双方が合意したことになります。

● なぜプロジェクト管理が失敗するの？

　システム開発には予測が難しい要素がたくさん潜んでいます。

- 当初の要件に無い仕様変更を求められる
- 開発メンバーが病気で稼働できなくなる
- 停電や通信不良でシステムが動かない場合の対処方法を求められる
- 仕様に関するユーザーからの返答が予定の期日内に得られない

　このようなイレギュラーな問題に対処し、計画どおりにプロジェクトを導くことができるかどうかは、プロジェクト管理者（PM）やプロジェクトリーダー（PL）の手腕にかかっています。

　もしもPM/PLが、（自分が直接開発を行わない立場だからといって）プロ

ジェクトに降りかかるさまざまなリスクを開発メンバーに押し付けるような
対応をすると、たとえ要件定義が適切に行われていたとしても、開発が進む
につれて残業が増え、開発メンバーのモチベーションが低下し、体調不良や
集中力の低下が生産効率と品質の低下を引き起こし、納期の遅延や予算オー
バーへとつながっていきます。

プロジェクトが失敗する背景に見えるもの

　こうして見ていくと、プロジェクトの失敗には次のような背景があること
がわかります。

- ユーザーの業務内容を十分に調査・理解できていない
- 機能の分け方が大雑把すぎる
- ユーザーが要件定義の工程をベンダーに丸投げする
- ユーザーが要望（願望、希望）と要件を混同する
- 開発に必要な技術力を正しく判断できない
- 受注を急ぐあまりに過少見積をしてしまう
- 追加の要望を無条件に受け入れてしまう
- プロジェクト管理が適切に行われない

　これらに共通していえることは、**誤った理解に基づく判断ミスが問題を引
き起こす原因になっている**ということです。
　システム開発の流れをChapter02（52ページ）で解説しますが、開発には
いくつもの節目（物事を判断するタイミング）があります。特にプロジェクト
の初期に行われる要件定義や要員計画においては、ユーザーとベンダーの双
方が判断に関わるので、どちらか一方だけが責任を負うという考えは改める
必要があります。
　直接は開発に参加しない経営層や営業担当者が下す判断も、間接的にプロ
ジェクトの成否に影響を与えるので、経営層や営業担当者もシステム開発の
流れや責任の所在を十分に理解して、ITリテラシーを高めることが大切です。

02 事例①
裁判でよく争点になる失敗の原因とは？

ユーザーとベンダーとの間で裁判が起きたこともあるそうだけど、どうしてそこまで問題が大きくなるの？

大規模なプロジェクトが失敗すると損害額も大きくなるから裁判になることもあるよ。失敗しやすい原因を知るために、過去の裁判事例から何が争点になったのかをみていこう

システム開発の紛争事例における主な争点

　要件定義されていない事柄への対応義務、ユーザーによる要件変更はいつまで認められるか、納期遅延の原因はどちらにあるのか、など裁判の争点を紹介します。

　経済産業省が公表している「情報システム・ソフトウェア取引トラブル事例集」(https://www.meti.go.jp/policy/it_policy/softseibi/trouble%20cases.pdf)によると、トラブルの原因は次のように分類されています。

A) 正式契約書締結以前の作業開始
B) 作業に不適合な契約形態
C) 業務範囲
D) 完成基準・検査
E) 役割分担・プロジェクト推進体制
F) 知的財産権
G) 第三者が権利を有するソフトウェア
H) 変更管理
I) 債務不履行・瑕疵担保責任
J) リース契約
K) 自治体関連契約

出典：「情報システム・ソフトウェア取引トラブル事例集」(https://www.meti.go.jp/policy/it_policy/softseibi/trouble%20cases.pdf)。I) の「瑕疵担保責任」は現行民法では「契約不適合責任」。

　これらの分類のうち、裁判事例が存在するものについて争点を紹介します（https://www.meti.go.jp/policy/it_policy/softseibi/trouble%20cases.pdf より一部引用）。

●正式契約書締結以前の作業開始

- 契約締結前のシステム開発費用につきユーザに支払義務が認められるか。
- 基本契約及び税関連システムに係る個別契約は成立したか。
- 契約書がなくとも請負契約が成立しているか。
- 覚書だけであっても、ユーザに本件システムを採用する義務があるか。
- ベンダが、正式契約書を締結していない「構築サービス」の内容を実施したことについて、ユーザに支払い義務があるか。

出典：「情報システム・ソフトウェア取引トラブル事例集」（https://www.meti.go.jp/policy/it_policy/softseibi/trouble%20cases.pdf）

●作業に不適合な契約形態

- 本件契約の類型は、請負か、準委任か。
- ユーザ・ベンダ間の契約は、統合システムのソフトウェア開発を目的とする1個の契約か、統合システムを稼働させるためのハードウェア、ソフトウェアの販売と、ソフトウェアのカスタマイズとの複合か。なお、対価の支払い条件について別途協議とされていたことからその支払時期についても争われた。

出典：「情報システム・ソフトウェア取引トラブル事例集」（https://www.meti.go.jp/policy/it_policy/softseibi/trouble%20cases.pdf）

●業務範囲

- 本件契約の委託代金は、当初見込みの規模・工数を前提として締結されたものであり、増加工数分は本件契約の範囲外といえるか。
- サブシステムを受託したベンダは、メインパッケージのバージョンアップに対応するための補修の義務を負うか。
- 本件開発業務範囲に個別出版社対応プログラムも含まれるか。
- 追加費用の支払義務について。

出典：「情報システム・ソフトウェア取引トラブル事例集」（https://www.meti.go.jp/policy/it_policy/softseibi/trouble%20cases.pdf）

完成基準・検査

- システムは完成したといえるか。
- 不具合は解除原因となるか。

出典：「情報システム・ソフトウェア取引トラブル事例集」(https://www.meti.go.jp/policy/it_policy/
softseibi/trouble%20cases.pdf)

役割分担・プロジェクト推進体制

- ベンダのシステム開発が納期に遅れたことをもって、契約解除できるか。
- ベンダの債務の内容はどのようなものであったか、ベンダは債務を履行したといえるか。
- ユーザは、ベンダによる開発に協力すべき契約上の義務を負うか。負うとすれば、ユーザは協力したといえるか。システムの開発作業が遅れ完成に至らなかった原因は何か。
- 要件定義・基本設計等の完成が遅延した原因がどちらにあったか。
- 稼働延期の原因はどちらにあったか。
- データの整備ができなかったのはユーザ、ベンダどちらの責任か。
- システム開発が大幅に遅延したのはどちらの責任か。
- システム開発が頓挫したのはどちらの責任か。

出典：「情報システム・ソフトウェア取引トラブル事例集」(https://www.meti.go.jp/policy/it_policy/
softseibi/trouble%20cases.pdf)

知的財産権

- 本件ソフトの著作権は誰に帰属するか。
- 本件ソフトの著作権は共有か。仕様変更で追加報酬が発生するか。

出典：「情報システム・ソフトウェア取引トラブル事例集」(https://www.meti.go.jp/policy/it_policy/
softseibi/trouble%20cases.pdf)

リース契約

- ユーザとベンダとの間で、請負契約が成立しているか。

出典：「情報システム・ソフトウェア取引トラブル事例集」(https://www.meti.go.jp/policy/it_policy/
softseibi/trouble%20cases.pdf)

ユーザは発注側（発注会社）、ベンダは受注側（開発会社）と読み替えても

構いません。

紛争の原因は何か？　どうすれば防げたか？

　争点はさまざまですが、ユーザーとベンダーの双方が、開発全体に対してどこまで責任を負うのかを事前に合意できていなかったことに原因があるといえます。

● 契約書を正式に締結してから有償の作業を開始する

　開発の委託と受託は法律的には契約ですから、お互いの責任範囲を明確に定めた契約書を交わしておくことで紛争の回避（もしくは速やかな解決）が期待できます。できれば、プロジェクト単位でひとつの契約書を交わすのではなく、要件定義や設計、プログラミング、動作テスト、リリースなどといった工程ごとに契約を分けたほうが紛争のリスクを軽減できます。ユーザーとベンダーが負う責任の範囲は工程によって異なるからです。

　しかし、契約書で双方の責任範囲を明確化して合意することは、簡単なようで難しいことです。システム開発の各工程で、双方が何をしなければならないか、何をしてはいけないか、といったことを漏れなく詳細に洗い出すことができなければ、契約書の内容自体が不十分なものになってしまうからです。

　また、ユーザーとベンダーのどちらが契約書の原案を作成するのかによって、責任のバランスが不当に傾くことがありますので、特にプロジェクトの予算に対する権限を有している人（プロジェクト管理者、場合によっては経営者）は、契約内容を十分に確認する必要があります。

● ユーザーの要望を適切にコントロールする

　たとえ契約書を交わしていても、ユーザー企業の部門長や経営者などといった、プロジェクトに直接的な責任を負っていない立場の人は、際限なく要望を繰り返すことがあります。このような場合、ユーザーの要望がシステムに実装すべき要件なのか、要件定義書に書かれていない（実装する必要がない）単なる要望なのかをベンダーが適切に判断し、後者の要望については要件定義書と契約書を根拠として「開発の範囲に含まれていないので（予算に含まれていないので）実装できません」「システムの要件に追加するなら、追加の予算や納期の延長が必要です」といった主張をしなければなりません。

　一般的にはユーザーのほうが発言力が強い傾向がありますが、曖昧な記述

がないかを徹底的にチェックして作成した要件定義書と、ユーザーとベンダーそれぞれが負うべき責任範囲を盛り込んで合意した契約書によって、根拠なき不当な主張や、予算が紐づかない要望を無償で対応せざるを得ない事態を回避することができます。

公正さを欠いた契約書は訴訟リスクを高める

契約書には、ユーザーとベンダーそれぞれの権利と義務、およびリスクの分担や回避方法を取り決めることによって、当事者間で発生する可能性のある紛争を予防する目的があります。当然ながら、契約書の記載内容は双方が合意できる内容でなければなりませんが、実際はユーザーとベンダーのどちらかが原案（ドラフト）を作成します。

そこで作成側が、自社のリスクを回避するために相手側にとって不利な条件を盛り込むと、相手側に感情的な反発が生まれ、契約後の開発で小さな行き違いから大きなトラブルに発展する恐れがあります。

契約の内容を当事者間で自由に決定することができる「契約自由の原則」が民法にありますが、自由を無制限に許すと経済上無視できない不都合が生じる恐れがあることから、公序良俗に反する暴利行為が認められる場合は原則の適用範囲を限定的に解釈し、契約が無効になることがあります。

03 事例②
業務フローの改善に目を向けないとどうなる?

ユーザーの業務フローを忠実にシステム化できればプロジェクトは失敗しないんじゃないの?

そうでもないんだよ。現状の業務フローに矛盾や例外が多いまま開発すると、同じ矛盾や例外が含まれた使い勝手の悪いシステムができあがってしまうんだ

業務フロー図とは?

<u>業務の流れ(プロセス)を可視化した資料</u>を業務フロー図といいます。業務フロー図を作成することによって、プロジェクト関係者全員が業務の全体像を共有し、認識合わせをすることができます。

次の図は、ある会社のウェブサイトからお客様が資料請求を行った場合の業務フロー図です。

業務フロー図

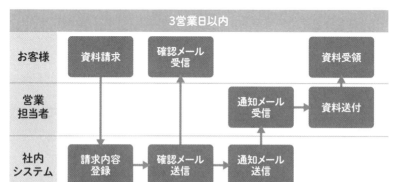

業務の流れを表した図だよ

業務フロー図には、誰が誰に何をどのような順番で行うかを表記します。この図を見ると、資料請求というひとつの業務において、お客様と営業担当者と社内システムの3者がどのように関わっているかが一目でわかります。

　業務フロー図はユーザーが作成するのが望ましいのですが、次のような理由で難しい場合があります。

- 現場の業務が多忙で、従業員の協力を得にくい
- 従業員によって業務の担当が異なり、全体のつながりが図示しにくい
- 従業員にとって当たり前の情報はヒアリングしてもなかなか出てこない

> Point!
> **ユーザー企業内で業務フロー図の作成が難しい場合は、アウトソーシングを利用して作成してもらうことも検討しましょう。**

業務フローに問題があるプロジェクト失敗事例

　ネットショップを運営しているファッションレンタル業者のウェブサイトにて、お客様がレンタルを申し込む画面を使いやすく刷新するプロジェクトがありました。システムに精通した人がユーザー企業内にいなかったため、要件定義や設計といった工程の区別さえもなく、プログラム開発という名目で開発が始まりました。筆者はプログラム開発の前に要件の整理と設計が必要である旨をユーザーへ説明し、（ユーザーが遠方だったため）オンラインの通話や開発中のデモ画面を使ったヒアリングを何度も重ねて業務フローの把握に努めましたが、開発が進むにつれて、現状の業務フローにさまざまな矛盾や例外的なパターンがいくつも存在していることが明確になっていきました。

　業務フローの中に例外的なパターンが多いと、システムの操作の流れもパターンごとに分かれてしまうので、お客様にとって使いやすくしたいという開発の目的が達成しにくくなります。しかし、リリース希望時期が決まっているプロジェクトだったため、開発は後戻りできず、いくつもの不確定要素を抱えたままシステムは完成しました。

　ところが実際に運用が始まると、お客様に快適にご利用いただけていない

ことがわかり（ユーザー企業の売上が思ったように伸びなかった）、公開から
1ヶ月も経たないうちにシステムの運用を停止することになりました。筆者
は開発者の立場でプロジェクトに参加したので、業務フローの見直しや新た
な業務フローの策定を提案する立場になく、非常に残念な思いをしました。

 ## 業務フロー図があっても失敗することがある？

次のような場合、業務フロー図があっても万全とはいえません。

- 作成当初と現在の業務内容に相違点が多い
- 現在の業務フローに忠実なシステムを要望しすぎる

　現実の業務は、取引先の事情やさまざまな社会的要因によって変化してい
くものです。そのため、ユーザー企業内に業務フロー図があっても、現状が
正しく反映されていないことがあります。そのような業務フロー図に基づい
て要件定義を進めていくと、業務フロー図に書かれていない例外的なパター
ンへの考慮が要件から漏れてしまう可能性があります。

　また、業務フロー図が現在の業務を正しく反映していても、そもそも現在
の業務フローに無駄や矛盾が含まれていると、システムの使い方や機能にも
同様の無駄や矛盾が反映されるので、完成したシステムを実際に運用してみ
ると「使い勝手が悪い」「操作がわかりにくい」といった問題が浮き彫りにな
り、せっかく投じた開発費用が無駄になってしまうこともあります。
　システム開発の目的がユーザーの業務の効率化であることは言うまでもあ
りませんが、要件定義の段階で現状の業務フローに無駄や矛盾があることを
発見できたなら、ユーザー側で業務フローの見直しを検討することも重要な
視点です。**システムは、無駄を省くことはできても矛盾を解決することはで
きない**からです。業務フローが抱える問題をシステムがすべて解決してくれ
ると期待するのは誤った考え方です。

　しかしながら、ユーザーに業務フローを改善したい意欲があっても実施で
きていないことが少なくありません。無駄や矛盾を解決できずとも、現場は
現場なりに創意工夫をしてどうにかしのいでいる場合が多いからです。彼ら
の声が経営層に届き、経営層が業務フローの改善方法を現場に指示し、それ

が現場に浸透するまでには長い時間がかかります。

　また、ユーザーは経営者やそれに近い立場の人が要件定義に参加することが多いですが、実際に現場で業務を行っている従業員のほうが、現状の業務フローが抱える問題を正しく把握していることがあります。

業務フローが抱える問題が大きい場合はどうすればよい？

　業務フローが抱える問題が大きい場合は、要件定義に入る前に業務コンサルタントに依頼するなどして、**業務フローの見直しや新たなフローの策定を模索すること**がユーザーには求められます。

　業務フローが改善されないまま要件定義に入ってしまった場合は、ユーザーとベンダーとで「システム化によって解決できる問題と解決できない問題」について認識を共有し、解決できない問題はシステムの要件に含めずに、現状どおりシステムを使わない運用で対応する方向で話を詰めていきましょう。実現できないことを「できます」と大風呂敷を広げると、結果的にユーザーの信用を失います。ユーザーの要望だからといって、**解決の道筋も立っていない問題をシステムの機能に盛り込もうとしない**冷静な判断と毅然とした態度がベンダーには求められます。

Point!
- 解決できない問題がある場合は、業務フロー図に書き込んでおく
- 解決できない問題は、システムを使わずに対応する方法を検討する

04 事例③ 見切り発車で開発をスタートするとどうなる?

リリース時期が決まっているなら、すぐにでも開発を始めたほうが余裕を持って進められるんじゃないかな?

準備不足のまま見切り発車で開発をスタートするのは、足元を確認せずに歩いたり、助走をせずにハードルを飛び越えようとするのと同じようなもので、とてもリスクが高いことを理解しておこう

見切り発車のリスク

仕様上の
落とし穴!

仕様上の
漏れ!

品質が
不十分!

準備不足だと
こうなる

見切り発車になりやすいのはどんな場合?

　社内の備品購入などと比べるとシステム開発プロジェクトははるかに大きな費用がかかりますので、開発に直接関わらない経営層も、技術的なことに詳しくない営業担当者も、見切り発車で開発をスタートして失敗する危険性

は十分にわかっているはずです。それにも関わらず、現実には要件定義が不十分なまま開発工程（設計、実装、テスト）へ進んでしまうことが少なくありません。これには次のような理由が考えられます。

- ユーザーからシステムの早期リリースを強く要望されている
- 営業担当者が受注を急ぎたいと思っている
- 要件定義で決めるべきことを理解していない人が要件定義を行う

ユーザーの要望に押されてしまう

多くの場合、システム化はユーザーの事業計画と密接に連動しています。たとえば、春にスタートする新事業にシステムを利用したければ遅くとも前年末にはシステムが完成していなければ間に合わないでしょう。こういった事情がある場合、ユーザーは事業計画から逆算して開発をいつまでにスタートして欲しいかを要望します。この要望の根拠はユーザーの事業計画であって、システムに期待されている機能が実現可能かどうかといった視点や、ベンダーがその時期に開発体制を組めるかどうかといった、ベンダー側の視点や事情は一切考慮されていない可能性があることを認識しておかなくてはなりません。

営業部門が受注を急いでしまう

開発工程（設計、実装、テスト）にかかる工数・費用は、要件定義が完了しないと確定しませんが、ベンダー側の営業担当者にとっては、要件定義に続いて開発工程も受注できたほうが業績に貢献できて営業成績も上がります。もしもユーザーが「このくらいの予算でできたら嬉しいのですが」と言おうものなら、営業担当者は「その金額内で提案すれば高い確率で受注を獲得できるだろう」と考え、安請け合いしてしまうことがあります。

そうなったら困るのは開発チームです。プロジェクト管理者やプロジェクトリーダーは、実際に必要な予算よりも少ない予算でシステムを完成させるために開発メンバーに無理を強いざるを得なくなり、下がりきったチームのモチベーションはシステムの品質に表れます。

要件定義で決めるべきことを決めていない

29ページの業務フローにおいて、資料をすべて電子カタログにして、お客様が請求した資料が営業担当者を経由することなくすぐにメールで届く新システムを開発する場面を考えてみましょう。

新システム導入後の業務フローは次のようになります。

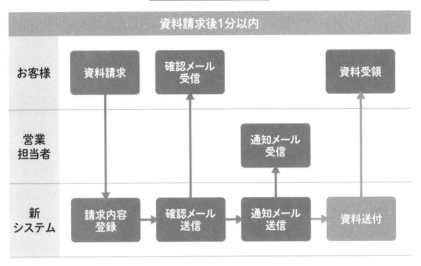

新システムの業務フロー

「資料送付」の部分が
変更点だよ

　いままではシステムから通知メールを受け取った営業担当者が資料を準備してからお客様へ送付していましたが、新システムではお客様が希望した資料（電子ファイル）をシステムが検索してお客様のメールアドレス宛に送信するまでの一連の手続きが自動で行われるので、最短1分以内でお客様に資料を届けることが可能になります。

　もしも要件定義書に「資料送付機能では、お客様が請求した資料をシステムが送信する。これ以外の機能は現行どおり」のように、極端に省略した書き方がされていたらどうなるでしょうか？　いままでは資料を郵送していたので追跡サービスを使えば発送状況を把握できますが、新システムではメールで送るので、メール送信サーバー（システム側）やメール受信サーバー（お客様側）の不具合で資料が送れなかった場合の対応方法が読み取れません。システム側でメールの到達記録が見れるようにするのであれば、その機能も開発範囲として要件定義書に記載しておかないと、後で不記載に気づいたとき、「設計ミス」として開発側が無償で機能追加をしなければならなくなるか

もしれません。

　要件定義の目的をきちんと理解していないと、業務フローの変更点についての説明を要件定義書に記載するだけが要件定義の目的だと勘違いしてしまい、決めるべきことや考慮すべきことが見過ごされたまま開発が始まってしまいます。新しい業務フローで現場の業務が問題なく回ることが読み取れなければ（保証されていなければ）、要件定義書としては不完全です。

見切り発車で炎上したプロジェクト失敗事例

　社内で行われている稟議書や各種申請書の承認・決済業務をオンライン化するプロジェクトがありました。要望されている機能と予算が大きくかけ離れていましたが、オンライン化は会社の決定事項であり、経営層や総務部が中心となってプロジェクト計画を立てたため、予算に収まるように機能要件を削減することもできず、半ば業務命令のような形で開発メンバーに過酷な残業を強いる結果になりました。当時の上司に相談をしましたが、失敗しても構わないからできる限りのことをしなさいと激励されたことを記憶しています。

　プロジェクトが完了して開発チームが解散したあと、当然ながら追加要望が出てきたのですが、予算も納期も余裕のない開発だったため、後任のチームへ開発環境や設計書の所在などを引き継ぐこともできず、炎上しました。

見切り発車を回避するためにどうすればよい？

　見切り発車でプロジェクトが失敗しないためには、開発を前に推し進めたいユーザーや自社の営業担当者に対して、**開発をスタートするために必要な情報や準備ができていないことをわかってもらうための説明材料（根拠）をそろえることが重要**です。どんなにリスクが高いとわかっていても、「心配性なベンダーがリスクを避けたいと思っているだけだ」と思われてしまうと双方の意見は落としどころが見いだせず、発言力の強い側の言い分が通ります。

　このまま進めても業務がうまく回らない理由、予算が足りない理由、工数が足りない理由、技術力が足りない理由などを説明できる根拠をそろえて、『無い袖は振れない』状況を関係者に理解させ、問題意識を共有することに努めましょう。

事例④

要望の追加を制御できないと
どうなる？

なるべくユーザーの要望に応えたほうが喜ばれるし、リピート発注も期待できてWinWinなんじゃないの？

残念ながらそれは理想論だよ。現実のプロジェクトには予算もスケジュールも限られているから、限られた中でできる最善の対応を考えないと、すぐに赤字になってしまうよ

追加要望は発生するのが当たり前？

　システム開発の初期段階では全体が見えにくく、開発が進むにつれて新たな問題が発覚したり、ユーザーの事業環境が変化することによって、追加要望や仕様変更が発生します。平成15年の東京地裁判決では、「追加の費用が発生することはいわば常識であって、追加費用が発生しないソフトウェア開発などは稀有である」と言い切っています。

　大事なのは、プロジェクトの初期段階で（システムが完成した後の）追加要望をどのように取り扱うのかをユーザーとベンダーが協議して定め、合意しておくことです。具体的には、開発工程を受注する際に交わす契約書（業務委託契約書）に仕様変更の取り扱い方を定めた別紙を添付します。

> **Point!**
> **追加要望は必ず発生するので、契約書に紐付ける形で追加要望に伴う仕様変更の取り扱い方を定め、ユーザーとベンダーの双方が合意しておく。**

追加要望を制御しにくいプロジェクトとは？

　とはいうものの、現実はそんなに簡単ではありません。ユーザー側の経営層やシステムを利用する部門の役員などといった、プロジェクトの体制図に名前も挙がっていない人（当然、開発の契約書でどのような合意がなされているか全く知らないし関心もない）が、開発の途中や終盤になってシステムの画面を見たり触ったりして感じたことを「システムをより良いものにするための親切なご意見」としてベンダーに要望を伝えてくることがあります。

　ユーザー側のプロジェクト責任者よりも社内での立場が上だったり、プロジェクトの窓口を通さずに（指示系統を無視して）システムの仕様に無いことでもお構いなしに言ってくることもあるので、プロジェクトに強い圧力がかかり、非常に厄介です。

発言に責任を負わない人ほど要望が多い

この画面見辛いと思うよ？
何とかならんのかね？

そこ、こうしたほうが
いいんじゃない？

向こうに伝えて
おいて。頼んだよ。

あ！はいっ！
わかりました！

もっとこうだったら
嬉しいんだけど
なぁ

あーでもない
こーでもない

本人は良かれと思って言っているけど…

　プロジェクトに責任を負っていない人が言うことはノイズとして無視すればよいのですが、相手がユーザー側の人間である以上、そうもいきません。ユーザー側で抑えが効かない場合は、ベンダー側のプロジェクト管理者が営業担当者と一緒にユーザーの元へ出向き、契約書を根拠に（しかし冷静に）話し合うべきです。プロジェクトに責任を負っていない人の口を塞いでもらい

ましょう。営業担当者を巻き込む理由は、追加要望に対応するならば必ず追加費用が発生するからです。ユーザーは想定外の費用が発生してしまうことに対して敏感ですし、お金に関する対外的な交渉は営業担当者の役目ですから、同行してもらうと心強いです。

不当な要求には盾と剣を持って戦う

契約を守っていただかないと最終的には御社に迷惑がかかっちゃうんですよ

いや、当社としてもそれは困りますので…

契約書

追加費用や納期延長に応じていただけるんですか？

これはケンカではなく正当防衛

　くれぐれも、圧力に押されてスケジュールや要員計画の見直しをせずに残業や休日出勤などで強行対応しようとしてはいけません。一度そのような前例を作ってしまうと、何度でも要望を言われてしまい、プロジェクトは高確率で失敗します。

Point!
プロジェクトに責任を負わない人がシステムの要件に含まれない要望をプロジェクト関係者を通じて伝えるのはビジネスルール違反。プロジェクト体制図に定めた指示系統を守ってくれない場合は、契約書を根拠に話し合いを。

追加要望を制御できなかったプロジェクト失敗事例

　旅行業者のウェブサイト開発プロジェクトにおいて、サイトのページ数とデザインを決定してから実装に進みましたが、開発の途中でユーザーから次のような要望が何度も挙がりました。

- サイトの色がイマイチなのでピンクに変えてほしい
- サイトのロゴマークもそれに合わせてピンクに変えてほしい
- サイトに掲載する写真を撮り直したので入れ替えてほしい
- サイトの文字の雰囲気（フォントの種類）を私の好みに合わせてほしい
- このページは掲載内容が多いので3つのページに分けてほしい
- やっぱりサイトの色を元に戻してほしい
- いろいろ変更したら全体のバランスがおかしくなったので、もう一度じっくり構想を練り直してから依頼します

　とても極端な事例ですが、実話です。このプロジェクトは、見積金額の半額だけ精算して開発中止になりました（その後どうなったかは不明です）。印象に残ったのは、「良いサイトにしたいと思って私なりに一生懸命に協力しているのに、残念です」というユーザーの言葉でした。非常に後味の悪い終わり方でした。

　ユーザーの窓口となる担当者がシステム開発を発注したことがない場合、システム開発にはベンダーだけでなくユーザーにも（当然）守るべき責任があることや、開発には工程というものがあること、そして、いつの段階でどこまで決めておかなければ後からどのような問題が生じるのか、といったことがわかりません。ベンダーにとっては当たり前のことでも、ユーザーにとっては初耳だということも少なくありません。そのようなユーザーと一緒に開発を行う場合は、プロジェクトを開始する前に十分に説明をして、契約書を交わすことはもちろん、費用はせめて半金前払いの契約にしておくことが重要です。ユーザーにも費用を支払うという痛みを先に感じてもらうことによって、言動に責任を負ってもらうことを促すためです。

事例⑤
根拠のない見積で受注すると どうなる？

 他社よりも早く見積書を提示したほうが受注できる確率は高いよね？

 その考え方は間違っているよ。受注したプロジェクトが成功してはじめてユーザーの役に立てたことになるし、自社の業績に貢献したことになるんだ。経験や勘に頼ってサクッと作成した見積書には、プロジェクトが失敗する原因がたくさん潜んでいることを知っておこう

見積書は誰が作るの？

　システム開発には、設計や実装を行う人件費、サーバーやネットワーク機器などのインフラ費用、プロジェクト管理費用などが含まれます。見積書は、これらにいくらかかるのかを正しく評価できる人が費用を算定し、そこに（主に営業担当者が）会社の利益をいくらか上積みして作成します。

　機器などの購入費はぶれにくいのですが、開発工程（設計、実装、テスト）にかかる人件費は、そのプロジェクトの管理者やリーダー（または経験者）が算定しなければ、実際に必要な工数とのぶれ幅が大きくなります。

　算定した工数に対して、どのくらい利益を乗せるかは営業担当者の裁量に委ねても構いませんが、餅は餅屋という言葉があるように、**開発工程に必要な工数は営業担当者ではなく開発経験者が算定**しなければなりません。

金額の妥当性はどうやって説明する？

　お店で売っている商品の値札に、売価のうち仕入れ値がいくらなのか（差額が販売店の利益）が書かれていないのと同じで、システム開発の見積書にベンダーの利益率を記載することはありません。しかし、ユーザーはお金を

支払う立場ですから、見積書で提示された金額が妥当かどうかを知りたいと考えます。数百万円〜数千万円規模のプロジェクトならなおさらです。

　ユーザーから、要件定義書に記載された各機能の開発にかかる詳細な費用内訳（設計、実装、テスト）の提示を求められることも少なくありません。会社間のパワーバランスによって不当に低い金額で契約を締結することを避け、商談を円滑に進めるためにも、見積書には**金額の根拠となる資料を添付**しましょう。これが見積書の金額に客観的な根拠と説得力を与えます。

見積根拠とは？

　見積書に添付する資料には、最低でも次の内容を記載します。

1. 開発工数をどのように算定したか
2. 見積りの前提条件と制約条件
3. 見積り範囲

● 開発工数をどのように算定したか

　工数の算定には、過去の類似プロジェクトに要した費用を元にする類推見積法や、システムの機能をいくつかのポイント（外部からの入力、外部への出力、外部とのインターフェースなど）に分けてそれぞれの難易度を点数化して合計を求めるファンクションポイント法など、さまざまな方法があります。どのような方法で工数を算定したかを記載しましょう。

● 見積りの前提条件と制約条件

　繁忙期（年末や年度末）は、開発に必要な資源（機器に限らず、パートナー会社から調達予定の開発要員も含む）の調達が難しい場合がありますので、開発時期によって見積が変わる場合は、繁忙期と通常期に見積を分けて作成したり、見積が適用される有効期間を記載しましょう。

　システムの稼働条件や動作要件も、見積の前提条件になります。24時間連続稼働することが求められる場合は、システムを二重化するなどインフラを含めた対応が必要になり、見積が変わってくるからです。

　また、予算を抑えるためにユーザーが作業の一部（データの準備や、外部システムとの連携など）を行うことを理由に見積金額の見直し（金額を下げる）を求めることもありますので、ベンダーが行うことと行わないことを明記しましょう。責任の範囲を明確にして合意しておくことが重要です。

根拠のない見積で受注したプロジェクト失敗事例

　元請け会社がユーザーから受託したシステム開発を、下請け会社に発注した事例です。元請け会社は過去に同じユーザーへよく似たシステムを納品した経験がありました。

当社が過去に同様のシステムを開発したときは20M（1M＝100万円）ぐらいでしたよ。このくらいの規模なら御社でも対応できると思うのですが、ユーザーが急いでいるので見積だけ早めに頂戴できませんか？

わかりました。およその参考値として開発部門に伝えます。見積は週明けすぐにお持ちいたします

　開発チームの知らないところでこのようなやりとりがあり、プロジェクト管理者に任命された社内のK課長が、前述のファンクションポイント法を使って正確な見積を作ろうとしていました。ところが、営業担当者から工数見積を急かされただけでなく、K課長自身も社内では数名の部下を率いて売上目標に責任を負う立場であったことから、途中から大雑把な見積方法に切り替えました。その結果、見積金額は元請け会社の想定範囲内に収まり、スムーズに受注できたのですが…。

　開発に入ってシステムの設計を進めていくと、見積根拠の資料に記載した機能数よりもはるかに多くの機能を実装しなければならないことが発覚しました。それらの必要工数を合計して人月単価（開発メンバーひとりが一ヶ月稼働する人件費）を掛けると、元請け会社に提示した見積金額の3倍になりました。

　当然、営業担当者も同行して元請け会社に事情を説明し、納期の延長を交渉しましたが、元請け会社からは「御社はシステム開発のプロです。納期も予算も承知のうえで見積を出したからには、開発メンバーを3倍に増員してでも納期までにシステムを完成させる責任があるはずです。違いますか？」と一蹴されました。

　問題を重大視した下請け会社は、部署内のエンジニアを動員して増員に充

てるよう開発部門へ指示しましたが、他のエンジニアはそれぞれ別のプロジェクトに従事しており、顧客企業に常駐勤務している人も多いため、会社命令といえども招集は容易ではありませんでした。最終的に、外部のパートナー会社から通常よりも高い単価で要員を調達し、納期に間に合わせました。

　それで事態は収まりませんでした。開発メンバー全員が精神的にも疲弊しきった状態で開発を進めたため、運用段階で設計ミスや実装漏れが多数発覚し、ユーザーは運用開始から数日後にシステムを使わない従来の運用に戻す決断をしましたが、それまでの数日間は業務が止まってしまったため、損害賠償請求を検討。事態を重く見た下請け会社の社長は、火消しのために開発部門の部門長を筆頭に、業務終了後から深夜まで社員10数名を引き連れてユーザーの業務現場へ出向き、遅れた分の業務を行うことを命じました。当時30代だった筆者も、現場に駆り出された一人です。もちろん、その数日間、社員の残業代と移動交通費は全額自社負担。会社が傾くほどではありませんでしたが、自分に何も落ち度がなくても他の炎上プロジェクトの火消しのため体力と精神力を消耗することほど後ろ向きな仕事は二度とごめんだと思うと同時に、自分がプロジェクト管理者やリーダーとして見積を行うときは、たとえ自分より年長の営業担当者やユーザーから圧力がかかっても、「エンジニアとしての自分の役目は、正しい見積に基づいてプロジェクトを遂行することであって、売上に責任を負うのは営業部門の仕事」と割り切る決意をしました。

Point!
- 見積書は金額だけでは不十分。客観的に検査できる根拠が必要
- 前提条件や開発範囲が曖昧な、根拠なき見積を提示してはいけない

事例⑥
開発元が音信不通になるとどうなる？

システムに重大な不具合が見つかったので、開発元に修正をお願いしたんだけど、全然連絡がないんです

移転・合併・倒産など、調べてみないと原因がわからない場合もあるけれど、開発元から関わりを拒否されている場合もあるよ。開発後のことを見据えて、システムの保守契約を交わしておいたほうがよいだろう

音信不通のまま放置するとどうなる？

　システムの修正要望や変更要望は、ユーザーの業務で必要だから生じるものです。開発元と連絡が取れないまま時間だけが経過すると、システムを利用した業務が円滑に進まず、ユーザーのビジネスに重大な損失が発生する場合があるので、（後述する保守契約を締結していない場合は）別の依頼先を探すのが賢明です。

● 開発元と連絡が取れなくなるのはなぜ？

　何度も連絡を取ろうとしても一向に返事がなかったり、いつ電話してもつながらなかったりすることがあります。主な原因として次のような事情が考えられます。

- 忙しくて電話に出られない（時間、曜日などタイミングが悪い）
- メールがあったことに気づいていない
- 連絡先が変わった（会社の移転、異動など）
- 意図的に無視している（関わりを持ちたくないと思われている）

電話の場合、着信に気づかないことは考えられませんが、いくつもの仕事

を掛け持ちしていたり、トラブル対応などで手が離せない状況にある可能性が考えられます。相手の立場を気遣うメッセージを添えて、折り返し連絡を待つ旨を留守電やSMSで伝えるとよいでしょう。

　メールの場合、毎日多くのメールを処理する営業担当者などは単純に受信メールを見過ごしている場合があります。急ぎの場合は電話しましょう。

　相手としばらく連絡を取っていない場合、会社の移転・倒産・異動などで連絡先が変わっていることがあります。会社員の場合は、個人のものではなく社給の携帯電話・スマートフォンを使用している場合があるからです。このような場合はインターネットで相手の会社名を検索して、連絡先を再確認したり、お問い合わせフォームから連絡する方法があります。

　一番困るのが、相手から関りを持ちたくないと思われている場合です。この場合、直近の取引（システム開発）で開発元が費用面や工期面で手痛い失敗をしたことが原因である可能性が考えられるので、もし連絡がついたとしても丁寧な対応をしてもらえないかもしれません。急ぐ場合は、別の会社やアウトソーシングを利用して要件の対応に当たってもらうことを検討しましょう。

 ## 開発元と連絡が取れなくなったプロジェクト失敗事例

　開発の規模を見誤ってシステムの完成が大幅に遅延した結果、開発元と連絡が取れなくなったため、保守（修正や変更）を本件システムに関わったことのない第三者のベンダーへ依頼せざるを得なくなり、当初の開発元に依頼するよりも2倍近く費用がかかってしまった事例を紹介します。

　ユーザーはインターネットで自社商品を販売しており、自社が運営しているECサイトをリニューアルするため、当該ECサイトと類似したプラットフォームでの開発経験豊富なベンダーへ発注しました。

　ところが、ユーザー自身に当該プラットフォームに関する制約事項（何ができて何ができないか）や、要望している内容を実現するために想定よりも数倍多くのページを作り変えなければならないことについての理解が少ないにも関わらず、システム開発に関する知見を有したアドバイザーを入れずに直接開発会社に依頼内容を伝えました。

　もちろんベンダーは、プラットフォームの開発者向けページ等を熟読したうえで、ユーザーが認識している開発規模と実際の開発規模との間に大きな

隔たりがあることを説明したのですが、システムに精通した人に見えている情報とユーザーの目に映ってる情報の乖離は想像以上に大きく、両者の認識が一致することはありませんでした。最終的に、ユーザーが希望する納期よりも2ヶ月長い開発期間が必要であることで合意し、開発が始まったのですが…。

　納期直前になってもシステムが完成する目途が立たないばかりか、ユーザーは「この商品は商品一覧ページに載らないようにしてください」「この画面にも購入ボタンをつけてください」など、開発の初期にユーザー自身が作成しベンダーに提示していたワイヤーフレーム（ウェブサイトの完成イメージを簡単な線と枠で表現した設計図のこと）に載っていない変更を次々と要求しはじめました。ユーザーはECサイトのビジュアルも重要視していたので、プロジェクトにデザイナーを参加させていたのですが、度重なる変更の末、デザイナーが作成した統一感のあるデザインから徐々に離れていき、バランスを欠いたECサイトができあがってしまいました。その後もECサイトを公開するまでに1ヶ月ほど修正という名目の仕様変更（ベンダーにとって最大の赤字要因）が続き、ようやく開発費用が精算されプロジェクトは終了しました。プロジェクトの終盤、プロジェクトメンバー全員が参加するグループチャットは大いに荒れました。思ったように開発が進まないことや、プラットフォームの制約によって要望どおりにできないことが多いことに対する焦燥感を隠せないユーザーから、強い言葉がベンダーへ投げつけられ、正論を主張することに疲れてしまったベンダーは言われるがままに仕様変更に応じ、プロジェクト終了後は二度と連絡が取れなくなりました。

　さて、困ったのはユーザーです。望む形にはほど遠い状態で完成を迎えたECサイト。当初の希望から3ヶ月遅れて公開したものの、アクセス数や売上状況を見ながら改善を行っていきたいのですが、ベンダーは音信不通で頼る先がありません。

　そんな折、別のプロジェクトで当該ユーザーと取引関係にあった筆者の元に連絡があり、システムの仕様変更を打診されました。筆者は開発に関わっていなかったので、プラットフォームの制約事項やシステム内部の実装方法を一から調べる必要があり、ソースコードを1行変更するだけでも、事前調査のために数時間を要しました。その結果、元のベンダーに依頼するよりも2倍近く費用がかかってしまいました。

必要なときに連絡が取れる体制を確保するには？

　システムに求められる機能は顧客側の運用ルールや外的要因によって変化するのが当たり前ですが、開発が終了してプロジェクトが解散すると、数ヶ月後や一年後にシステムの要件が変わったとき対応ができません。

　開発の契約を締結する際に、あらかじめ**将来の変更を前提とした保守契約を別途締結しておくことが重要**です。保守契約書には次のような内容を盛り込みます。

- 保守業務の範囲と具体的な内容に関する条項
- 対応時間と対応方法に関する条項
- 料金と支払い方法に関する条項
- 秘密保持に関する条項
- 損害賠償に関する条項
- 保守契約の解除・解約に関する条項

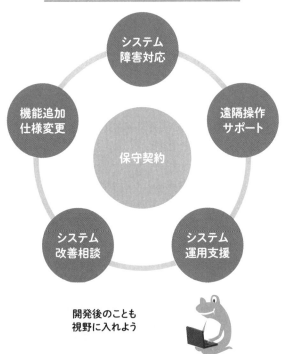

保守契約を交わして保守体制を確保する

システム障害対応

遠隔操作サポート

機能追加仕様変更

保守契約

システム改善相談

システム運用支援

開発後のことも視野に入れよう

要件定義のチェックリスト

　次のチェックリストは、要件定義が適切に行われているかどうかを確認するために重要な観点を列挙したものです。

要件定義チェックリスト例

- ☑ 現行業務の流れが読み取れる業務フロー図が作成されたか？
- ☑ 顧客が中心となり業務処理定義書（業務目的や業務内容を記載）が作成されたか？
- ☑ 業務処理定義書から現行業務の問題点や課題が読み取れるか？
- ☑ 業務要件とシステム要件の対応関係に矛盾がないか？
- ☑ システム化の対象範囲が明確になっているか？
- ☑ 要件定義書に定義された機能で業務が問題なく遂行できるか？
- ☑ 要件の実現可能性は検討されているか？
- ☑ システム化要件の優先順位について合意がなされているか？
- ☑ システムの品質目標が数値化されているか？
- ☑ システムの品質評価の方法を合意できているか？
- ☑ 非機能要件（稼働率、応答速度、セキュリティ等）の目標を数値化できているか？
- ☑ 有識者が要件定義の成果物をレビューする計画になっているか？

　品質目標や非機能要件はシステムの機能として目には見えないので見過ごされがちですが、トラブル・障害が100％起きないシステムはありませんので、どの程度の品質なら運用に耐えられるか数値目標を定めて、ユーザーとベンダーとで合意しておくことが重要です。

　要件定義には、ユーザーの抱えている課題をシステムによってどのように解決するのかをベンダーと共有する目的がありますが、要件定義書に必要事項を漏れなく盛り込むためには、ユーザー企業内の慣習やシステム開発を起案した背景事情など、ユーザーにしか知り得ない情報が不可欠です。

　そのため、要件定義はユーザーが中心となって取り組むことが望ましいのですが、作成した要件定義書のチェック（レビュー）は必ずベンダーが参加してくだ

さい。ユーザーの自己チェックに任せると、次のような問題が多発し、結局ベンダーが何度もヒアリングをやりなおしたり会議を重ねることになるからです。

①ユーザーにしかわからない言葉で書かれている。
②システムの導入に期待する本当の目的が書かれていない。
③書かれている要件が抽象的すぎて、そのままでは設計ができない。
④開発に必要な情報が提供されていない。

　①～④の具体例を以下に示しますので、システム開発に慣れていない発注者は特に注意をしてください。

● ユーザーにしかわからない言葉の例
「アイドルタイム」「アウトパック」「薄肉化」「SC」など、他の業界の人にとって意味が通じにくい業界用語は要件定義書で使わないようにしましょう。要件定義書は相手（ベンダー）に伝わらなければ意味がありません。

● 本当の目的が書かれていない
「～～を効率化する」という表現だけではシステムを導入する真の目的が伝わりません。効率化によって何がしたいのか、どうなりたいのかを書きましょう。効率化はそのための手段であって真の目的ではないはずです。

● 要件が抽象的
29ページのような業務フロー図を描かずに文章で「システムからメールを送る」とだけ書かれていると、いつ送るのか、誰に送るのか、メールの件名と本文はどのような文章にするのか、といった具体的な要件が伝わりません。漠然と要望を言葉にするだけでは圧倒的に情報量が足りていないのです。

● 必要な情報が提供されていない
要件定義書に「現状どおりの手順で行う」「社内マニュアル参照」などと書かれているのに、該当の資料が添付されていないケースです。現状どおりの手順や社内マニュアルはユーザー社内の人間にはわかるかもしれませんが、要件定義書をもとにシステムを開発するベンダーには全く伝わりません。

　ユーザー社内だけで意味が伝わる要件定義書をベンダーに提示したことをもって「要件定義が終了した」と位置付けてはいけません。必ず要件を詳しく確認して整理しなおすための工数（要件定義のやり直しに近い）が発生するからです。

Chapter

02

ユーザーとベンダーが
知っておくべきこと

システム開発が失敗しないために、ユーザーとベンダーの双方が知っておくべきことを解説します。

01 システム開発にはどんな手法があるの?

システム開発が失敗しにくい進め方(手法)はあるの?

ウォーターフォール開発とアジャイル開発という2つの
手法を知っておこう。それぞれメリットとデメリットが
あるから、プロジェクトの性質に合わせて選択すること
が重要だよ

ウォーターフォール開発とは?

ウォーターフォール(英:Waterfall)は、プロジェクト全体をいくつかの
工程に分けて、滝の流れのように上流工程から下流工程へと順番に進めてい
く開発手法です。

ウォーターフォール開発

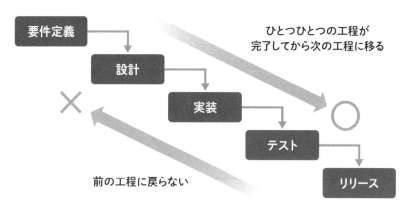

　ウォーターフォール開発の特徴は、原則として前の工程に戻らないことです。そのために、**それぞれの工程で行う作業内容と作成する成果物をきちんと定めておき、定めたとおりの成果物が作成されたかどうかをユーザーとベンダーの双方が点検（チェック）を行い、合意してから次の工程に進みます。**

　ウォーターフォール開発では、前の工程の成果物を使って次の工程を行います（前の工程のアウトプットが次の工程のインプットとなる）。

各工程のアウトプットとインプットの関係

全ての工程に
成果物があるよ

ウォーターフォール開発のメリット

　ウォーターフォール開発は各工程の作業量と成果物が定まっているので、次のようなメリットがあります。

- スケジュールが立てやすく、作業の進捗状況が把握しやすい
- 開発メンバーが変わっても、成果物の品質を一定に保ちやすい
- 各工程に必要な技術がわかっているので、開発要員を調達しやすい
- 要望と要件の切り分けがしやすい

ウォーターフォール開発のデメリット

　工程ごとに成果物を点検（チェック）しながら進めていくので、次のようなデメリットもあります。

- 成果物を逐次チェックするので開発スケジュールが長期化しやすい
- 仕様変更や不具合が発生すると前の工程をやり直すことになってしまう

● ウォーターフォール開発が適したプロジェクト

ウォーターフォール開発は、最初に綿密な計画を立てて（機能や仕様を決めて）から開発するので、次のようなプロジェクトに適しています。

- 要件が決まっていて変更の可能性が低いプロジェクト
- 小規模なプロジェクト
- システムの運用開始時期（公開時期）が決まっているプロジェクト
- システムの品質が重要視されるプロジェクト

● ウォーターフォール開発の注意点

ウォーターフォール開発がうまくいくためには次のことを徹底することが重要です。

- ユーザーと密接なコミュニケーションを取る
- 各工程に割り当てる日数、人数など緻密な事前計画を立てる
- 要員調達など開発チームの体制を早めに整える
- 仕様変更のルール（変更管理手順）を厳格に定めユーザーと合意する
- 計画外の事態への備え（対応方針、代替手段の検討）を怠らない

アジャイル開発とは？

アジャイル（英：agile）は、「設計→実装→テスト」といった開発工程をシステム全体ではなく小さな機能に分けて繰り返す開発手法です。

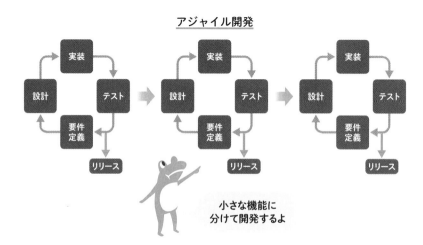

アジャイル開発

小さな機能に
分けて開発するよ

　アジャイル開発の特徴は、**大雑把な仕様だけを決めて、優先度の高い機能から開発していくことができる**点です。短いサイクル（一般的には1〜2週間）で少しずつ機能をリリースしていくので、早い段階でシステムの機能や画面をユーザーに確認してもらうことができます。

　ひとつひとつの開発サイクルのことを**イテレーション**（英：iteration）と呼びます。ある機能に不具合が見つかったり仕様変更が発生した場合、該当するイテレーションの中だけ工程を戻って対応を行います。

イテレーション

アジャイル開発のメリット

　アジャイル開発はシステム全体を小さな機能に分けて行うため、次のようなメリットがあります。

- リリースのタイミングが早い
- ユーザーの要望に最大限応えることができる
- 不具合が発生しても戻る工数が少なくて済む
- 優先度の高い機能から開発していくことができる

アジャイル開発のデメリット

　アジャイル開発では最初から厳密な仕様を決めないので、要求の追加や仕様の変更をうまくコントロールしないと、次のようなデメリットが生じます。

- 場当たり的に進めていくと開発の方向性がずれやすい
- スケジュールや開発の進捗状況が把握しにくい

●アジャイル開発が適したプロジェクト

アジャイル開発は次のようなプロジェクトに適しています。

- 仕様の変更が発生しやすいプロジェクト（ウェブサービスやアプリ開発など）
- システムの運用開始時期（公開時期）が不明確なプロジェクト
- ユーザーと直接やりとりできる開発チームを構築できるプロジェクト
- システムの規模、予算、要件がはっきりしていないプロジェクト
- 開発する機能の優先度が変わりやすいプロジェクト

●アジャイル開発の注意点

アジャイル開発がうまくいくためには次のことを徹底することが重要です。

- ユーザーにも協力義務があることを認識いただくこと
- ユーザーとベンダーの役割分担を明確化して相互に理解すること
- ユーザーとの緊密なコミュニケーションを維持できる体制の確立
- 請負契約ではなく準委任契約(*1)であること

(*1)請負契約と準委任契約の違いについては87ページおよび260ページを参照してください。

アジャイル・ウォーターフォールハイブリッドとは？

ウォーターフォール開発とアジャイル開発を組み合わせた開発手法です。初期の工程をウォーターフォールで行う**ウォーターフォール先行型**と、アジャイルで行う**アジャイル先行型**があります。

ウォーターフォール先行型ハイブリッド

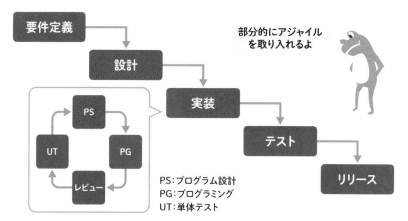

PS：プログラム設計
PG：プログラミング
UT：単体テスト

●ウォーターフォール先行型

　要件定義・設計とテストをウォーターフォールで行い、実装をアジャイルで行う方法です。短いサイクルでシステムの機能を確認することによって不具合を早期に発見し、ユーザーとの間で問題点や進捗状況を密に共有することができます。

　要件が明確に決まっていても、当初予測していなかった事態が起きた場合に備えておきたい場合に適しています。

●アジャイル先行型

　厳密な仕様を決めずに開発を開始し、ある程度完成イメージが見えてきたら一度立ち止まって仕様を検討し、そこから先はウォーターフォールで行う方法です。

　早い段階で大雑把な完成イメージをユーザーと共有できるので、システムの完成イメージが見えづらい場合や、ユーザー自身が要望を明確に把握できていない場合に有効です。

ウォーターフォールはゆっくりだけど着実に進めていくカメ型、アジャイルは転びやすいけれど走ると早いウサギ型って感じ？

うまいこと言うね。それじゃあハイブリッド開発はカメとウサギがお互いの強みを活かして交代で走るイメージだね

02 システム開発にはどんな工程があるの?

システム開発にはどんな工程があるの?

大きく分けると「要件定義、設計、実装、テスト、リリース」の5つの工程があるけれど、プロジェクトがどのような規約に則って工程管理を行うかによって、さらに細分化することもあるよ

システム開発の工程と成果物

　ここでは設計工程を基本設計と詳細設計に分け、テスト工程を観点別に4つの工程に分けて解説します。また、システム完成後の運用・保守についても解説します。

●要件定義

　RD(Requirement Definition)とも呼ばれ、顧客からヒアリングした要望をもとに、**システム化する機能としない機能を区分け(開発のスコープを決定)し、開発スケジュールや予算、人員、使用する機器などの計画を行う工程**です。

　要件定義では要件定義書を作成します。要件定義書には次のような内容を記述します。

- システム化の目的と目標
- システム導入前後で業務フローがどのように変わるのか
- システムに必要な機能
- 非機能要件(セキュリティ・品質・性能・保守など)
- 開発計画(スケジュール・人員・予算など)

　よくある勘違いは、**ユーザーがベンダーに伝えた要望がシステムに実装されることを保証するために文書化するのが要件定義だという誤解**です。この誤解を抱いたまま開発を始めると、システムが完成しても次から次へと要望が出てきて、ユーザーはシステムに対する不満が募り、ベンダーは予算外の開発を迫られストレスが溜まります。

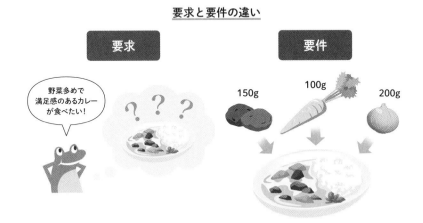

要求と要件の違い

　たとえば「野菜多めで満足感のあるカレーが食べたい」という要求は抽象的なので、このままでは具体的にどのようなカレーを作ればよいのか定まりません。そこで、「ジャガイモ150g、ニンジン100g、たまねぎ200gが入ったカレーを作る」のように、**要求を満たすための具体的な方法を決めるのが要件定義**です。ユーザーはベンダーからどのようなカレーが提供されるのかを期待して待つのではなく、このレシピなら満足感が得られるかどうかを自らの責任において判断しなければなりません。一方ベンダーは、ユーザーと合意したレシピのとおりにカレーを作る責任を負います。

● 基本設計（外部設計）

　基本設計は**BD**（Basic Design）または**ED**（External Design）と呼ばれ、要件定義で決定した内容を実現するための機能について、<u>システムの大まかな構造や画面などの外観、データの入出力方法などを定める工程</u>です。
　基本設計で作成する成果物は、基本設計書や機能仕様書などと呼ばれ、以下のような設計書から構成されます。

- 業務フロー図（業務の流れや手順を図形と矢印により可視化した図）
- システム構成図（システム全体の構成を可視化した図）
- 機能一覧
- 画面一覧
- 画面遷移図（画面の遷移の流れを可視化した図）
- 帳票一覧
- バッチ一覧
- 外部システム関連図、外部インターフェース一覧
- データベース論理設計書（ER図、CRUD図など）

システム構成図の例

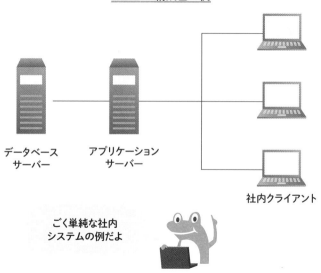

データベース
サーバー

アプリケーション
サーバー

社内クライアント

ごく単純な社内
システムの例だよ

基本設計の成果物は次の観点でチェック（レビュー）を行います。

- 要件定義の内容を満たしているか？
- 実現可能な内容になっているか？
- ユーザーが理解できる内容になっているか？

詳細設計（内部設計）

DD（Detail Design）とも呼ばれ、**基本設計の内容をもとに、各機能をプログラムに落とし込むことができる程度にまで詳細化する工程**です。画面や帳

票などシステムの目に見える部分を定める基本設計に対して、詳細設計は開発者の視点を取り入れてシステムの内部構造まで考慮します。

詳細設計で作成する成果物は、次のようなものがあります。

- アクティビティ図、シーケンス図
- 状態遷移図
- 画面設計書
- 帳票設計書
- バッチ設計書
- データベース物理設計書

アクティビティ図の例

登録済み
ユーザー

ユーザー名と
パスワードを入力

ログイン成功

ユーザー情報
をセッションに
記録

エラーメッセージ
を表示

ログイン処理の
アクティビティ図だよ

詳細設計は次のことに気をつけて行います。

- 基本設計の内容との整合性が取れているか?
- 曖昧な記述がないかどうか?

●プログラミング（製造、開発）

PG（Programming）は、システムの目的や環境に合わせて適切なプログラム言語を使用してソースコードを記述し、システムの機能を実装する工程です。プログラムは各機能の詳細設計書をもとに作成しますが、機能間のつながりやシステム全体への影響を考慮しなければならない場面では、基本設計書もあわせて参照します。

プログラミング工程の成果物は、ソースコードが記述されたプログラムファイルです。

単体テスト

UT（Unit Test）とも呼ばれ、**プログラムが詳細設計書に定められた処理を正しく実装できているかどうかを確認**するために、関連するデータや操作手順を含めてテストする工程です。

単体テストは該当プログラムの作成者本人が実施することが多いですが、主観が邪魔をしてプログラムの誤りを発見できないことがあるため、詳細設計書を作成した人がテスト仕様書（単体テストの具体的な実施方法や、データのパターンを定めた仕様書）を作成し、それに従って実施することもあります。

単体テストの成果物は、テストの実施結果（成績）をまとめた報告書です。プロジェクトの品質管理基準によっては、正しい手順でテストが行われたかどうかを後から追跡（トレース）できるように、テストを行ったときの操作手順をスクリーンショットなどで残しておくことが求められる場合があります。

結合テスト

IT（Integration Test）とも呼ばれ、**開発対象のシステムと外部のシステムとの連携や、開発対象のシステム内の機能間の連携が正しく動作するかどうかをテストする工程**です。

結合テストもテスト仕様書に従って実施しますが、単体テストとは確認すべき観点が異なることに注意が必要です。結合テストの重要な観点は、システム間や機能間でデータの受け渡しが正しく行われるかどうかです（ある画面でデータを削除すると、別の画面からもデータが消える、など）。

結合テストの成果物は、テストの実施結果（成績）をまとめた報告書です。

システムテスト（総合テスト）

ST（System Test）とも呼ばれ、**システムが要件定義で定められた要件を満たしているかどうかをテストする工程**です。

システムテストでは、実際の業務を想定してシステムを操作します。業務で発生する可能性のあるすべてのパターン（通常のパターンだけでなく例外のパターンも含む）を一連のシナリオとして書き起こし、それに従って実施します。

システムテストの段階でプログラムレベルの不具合が発見されることもありますが、その場合は設計やプログラムの工程に戻って修正と再テスト（単体テストと結合テスト）を行ってから再度システムテストを行います。

　また、単体テストや結合テストの観点には無い非機能要件についてのテストは、システムテストで実施します。

運用テスト（受け入れテスト）

　OT（Operation Test）とも呼ばれ、**実際の運用環境（または同様のテスト環境）を使って、システムを利用するユーザー（顧客）側が実際の業務を想定したテスト運用を行う工程**です。システムの検収としてすべてのテストの最後に行われることから、受け入れテストとも呼ばれます。

　システムテストと同じく、要件を満たしているかどうかを確認するのが目的ですが、運用テストはユーザーが行うため、機能要件も非機能要件もすべて含めて、業務でシステムを問題なく使用できるかどうかが確認されます。

テスト工程ごとの観点

工程	略称	確認の観点
単体テスト	UT	プログラムのモジュール単位で正しく動作するかどうか？
結合テスト	IT	システムの機能単位で正しく動作するかどうか？
システムテスト	ST	システムの機能全体や性能に問題がないかどうか？
運用テスト	OT	システムの要件が満たされているかどうか？

工程ごとにテストの観点
が異なるよ

　実際のプロジェクトでは、予算や納期の都合ですべての工程を実施できないこともあるため、単体テストをプログラム工程の一部と見なしたり、結合テストとシステムテストを同一に扱う（システムテストの観点に、結合テストの観点も取り入れる）ことがあります。

システム移行（リリース）

　システムを実際の運用環境に移したり、古いシステムを新しいシステムに置き換える工程です。サービスインや本番リリースなどと呼ばれることもあります。

この工程で特に重要なのは、データの移行です。業務データは日々変わっていくため、移行作業はユーザーが業務を行っていない時間帯や休業日に行うなどして、データの移行漏れや不一致が生じないように細心の注意を払わなくてはなりません。

また、移行作業中に誤ってデータを削除してしまったり、データの誤りが原因でシステムに不具合が発生すると、ユーザーの業務が止まってしまうリスクがあります。開発期間中は納期さえ遅れなければユーザーに迷惑はかかりませんが、システム移行で失敗すると、会社の信用に関わる大きな問題に発展することがあります。失敗しないことを祈るのではなく、失敗も十分あり得ると考えて、いつまでなら移行作業のやり直しができるか、デッドラインを決めるとともに、デッドラインを越えてしまった場合はバックアップデータを復元して古いシステムに戻す（日を改めてシステム移行を行う）ことをユーザーと合意してリカバリの手順を確立しておくことが重要です。

Point!

● バックアップとリカバリ手順を確立しておく
● ユーザーの業務への影響が最小限になるよう計画する
● テスト環境などで移行作業のリハーサルを行う

システム運用・システム保守

システム運用とは、システムの稼働を止めることなく効率的な運用を続けられるように、サーバーやネットワークを含めたシステム全体の監視やメンテナンスを行う業務です。

システム保守とは、ハードウェアの修理・交換、データベースの最適化、プログラムの修正・改善などを定期的に行ったり、業務フローや要望の追加・変更に対応するための追加機能の開発などといった、突発的な対応を伴う業務です。

受け入れテストの実施期間が短かったり、要件定義を含めた開発工程全体を曖昧な体制や曖昧な取り決めのもとで実施すると、運用が始まってから不具合や機能漏れが発覚し、業務の遂行に影響が出たり、開発チームがすでに解散していて対応してもらえないなど、深刻な問題につながります。遅くともシステムをリリースする前に、システムの運用・保守に関する内容と体制

を定めた運用保守計画書を作成しておくべきです。ユーザーが自社で運用・保守チームを組めない場合は、ベンダーと運用保守契約を締結するなど備えをしておくことが重要です。

> **Point!**
>
> **維持管理をせずに永久的に使えるシステムは存在しません。どのようなシステムも使い続けるためには必ず維持費（コスト）がかかることを忘れてはいけません。**

V字モデルとは？

V字モデルとは、システムの企画からリリースまでの一連の流れにおける、開発工程とテスト工程の対応関係を表した図です。

V字モデル

企画 ⟶ 運用テスト

矢印の先の工程の内容をテストする

要件定義 ⟵ システムテスト

基本設計 ⟵ 結合テスト

詳細設計 ⟵ 単体テスト

プログラミング

実はV字モデルはウォーターフォール型の開発工程そのものです。V字の谷を挟んだ左右を見比べると、各テストの工程がどのレベルの開発内容を検証するためなのかが明確になります。

● V字モデルのメリット

テスト計画書などにV字モデルを図示してプロジェクト全体で共有することによって、次のようなメリットが得られます。

- テストの観点と実施すべき内容が明確になる
- テスト工程のスケジュールが立てやすい（進捗が把握しやすい）
- 不具合が発生した場合に手戻りを抑えることができる

たとえばプログラムレベルの細かな間違いは単体テストで発見され、修正して再テストを行ってから結合テストに進むので、システムテストや運用段階になってプログラムレベルの不具合（障害）が発生するリスクを限りなく小さくすることができます。

もしもV字モデルやテスト工程の違いを意識せず「要件定義→設計＆開発→テスト」のように工程を大幅に圧縮したプロジェクト計画を立てると、一見すると開発費用が抑えられて工期も短くなると期待してしまいがちですが、実際は正反対です。テストで発見されなかった潜在的な不具合がそのまま運用工程に持ち込まれると、ユーザーに迷惑がかかりベンダーは信用を損ないます。お金では買えないものを失うのです。

システム開発の成功は、見えないリスクをいかに発見して排除できるかにかかっています。リスクを発見するためには、綿密な計画を立てることが重要です。綿密な計画を立てると、必然的に工程は細分化され、システムの品質をチェックする機会も増えます。そうしてリリースされたシステムは品質も良好で顧客の満足度も高く、ユーザーとベンダーのどちらにとってもプロジェクトは成功したといえるでしょう。

> Point!
>
> **ユーザーがシステムに求める仕様を「要求定義書」として表すことを要求定義といいます。それに対して、システムが備えるべき機能を「要件定義書」として表すのが要件定義です。よく似た言葉ですが、作成の主体が異なります。要求はユーザーからベンダーへの依頼事項、要件はユーザーとベンダーの合意事項ととらえることもできます。**

03 ステークホルダーに求められる責任の範囲とは?

ステークホルダーって何?

プロジェクトに関わる利害関係者のこと。それぞれがどのような責任と役割を背負っているのかを理解しておくことも、プロジェクトが失敗しないために大切なことだよ

ユーザー(発注側)とベンダー(受注側)

システム開発におけるユーザー(発注側)とベンダー(受注側)は、大きな意味でのステークホルダーといえます。それぞれ、次のような責任とリスクを負っています。

ユーザーの責任 ：システム開発への協力義務、業務要件の確定、システムの確認、報酬の支払い
ユーザーのリスク：要求したシステムが納品されないと損害が出る

ベンダーの責任 ：システムの完成、ユーザーが積極的に関与するための働きかけ
ベンダーのリスク：対価を支払ってもらえないと損害が出る

ユーザーは次のような協力義務を負います。

- 社内の意見調整を行い、業務要件を確定してベンダーへ伝える
- システムの確認(受け入れテストやレビューなど)を実施する
- ベンダーからの協力要請に応じる

要望を伝えるだけでなく、受け入れテストやテスト結果報告書の確認（レビュー）を行うことによって、要望が正しく伝わっているかどうかを確認することもユーザーの責任です。要望したとおりにシステムが上がってこなかった場合、ベンダーだけに責任があるとは限らないからです。

　買い物をするとき商品を確認してから購入するのと同じです。店員に「こういう商品が欲しい」とだけ伝えても、顧客が本当に望む商品が出てくるとは限りません。顧客には、店員が出してきた商品が要望にあっているのかどうかを自分の目で見て判断し、これでよいのかどうかを回答する責任があります。

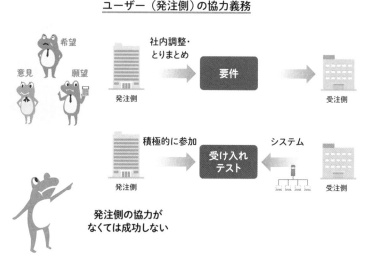

ユーザー（発注側）の協力義務

　ベンダーは次のような責任を負います。

- 要件を実現するシステムを開発し、提供する
- ユーザーが責任を果たすようにはたらきかける

　ユーザーがITに詳しくない場合、協力義務を果たすために何をすればよいのかがわかりません。そのため、ベンダーはユーザーに行動を促す責任があります。これをしないと、納品後に「要件と違う」「こんな機能は要望していない」など問題が発生したときに、システムの確認をしなかったユーザーに責任を問うことができません。「こちらはITの専門家ではないのだから、言

われていないことは協力できない」と言われてしまいます。

　ここで次の図を見てください。ユーザーとベンダーは、納品されたシステムに対して報酬を支払うという意味では、損得のバランスが保たれているように見えます。この図は、「商行為は価値の交換である」ということを表しています。

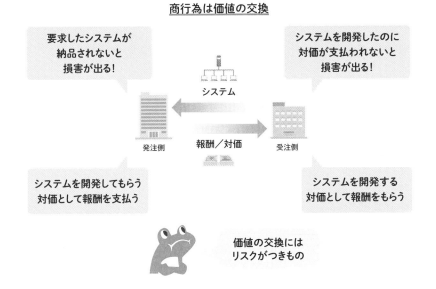

商行為は価値の交換

要求したシステムが
納品されないと
損害が出る!

システムを開発したのに
対価が支払われないと
損害が出る!

システム

発注側　　報酬／対価　　受注側

システムを開発してもらう
対価として報酬を支払う

システムを開発する
対価として報酬をもらう

価値の交換には
リスクがつきもの

　なぜ同じ価値を交換しあうのにリスクが生じるのでしょうか？　それはユーザーとベンダーの利害が本質的に異なるからです。

　みなさんが普段の買い物をする場面を想像してみてください。誰にでも「なるべく安くて良いものが欲しい」という願望があると思います。もちろん販売側も「なるべく安くて良いものを提供したい」と思っていますが、そこには販売側が「事業を継続して会社を発展させるために必要なだけの利益が見込める範囲において」という前提があります。長期的に考えても利益が出ないほど安く売ることはありません。企業が社会に貢献するためには企業が存続する体力（資本）が必要だからです。

　つまり、販売側と顧客側の利害が一致する範囲でなければ、公平な商取引は成立しません。システム開発のプロジェクトでは、ユーザーとベンダーそれぞれに複数名のステークホルダーが存在し、プロジェクトにおける役割によって負うべき責任の範囲が異なります。この利害関係の複雑さが、業務委

託契約という会社間で合意した枠を越えて利害のバランスを崩す一因になります。大きな目標は一致していても、目標達成のプロセスに立場の異なる人たちが関わるので、誰かが調整役とならなければバランスが崩れるのです。

　では、さらにステークホルダーを細分化して、役割と責任の違いに注目してみましょう。

ベンダーのステークホルダー

　ベンダーのステークホルダーは、プロジェクトにおける役割に応じて次のように分類されます。

- プロジェクト責任者
- プロジェクト管理者（PM）
- プロジェクトリーダー（PL）
- 設計担当者
- 実装担当者
- 営業担当者

　プロジェクトによって名称が異なったり、同じ人が兼任する場合もありますが、およそこのように分類できます。また、直接開発には参加しませんが、営業担当者もステークホルダーのひとりと考えます。

ベンダーのステークホルダー

経営に関わる判断	プロジェクトの管理	プロジェクトの実行	開発の実施	金額等の交渉
プロジェクト責任者	プロジェクト管理者	プロジェクトリーダー	設計・実装担当者	営業担当者
経営責任	達成責任	実行責任	開発責任	売上責任

それぞれの役割を整理しておこう

●プロジェクト責任者

　プロジェクト責任者は、プロジェクト全体の最終的な責任を負います。ユーザー（発注側）との間でトラブルが生じた場合に責任を問われる立場です。開発への関わり方としては、プロジェクト管理者からの要請に対して経営資源を投入したり、（自社が開発する場合は）自社内での開発スケジュールを変更することに対する承認を行ったりします。

●プロジェクト管理者（PM）

　プロジェクト管理者はプロジェクト全体を管理する役割を担い、プロジェクトの目標を達成する責任を負います。納期や品質目標を達成するために、予算のやりくりや社内外との調整など、プロジェクトリーダー（PL）率いる開発メンバーだけでは調整できないことがあります。そこを調整するのがPMの重要な役割です。場合によっては営業担当者ともすり合わせのうえで「今回のプロジェクトは利益率が下がってしまうが、長期の保守契約や追加開発を受注できる確率が高いため、そこで埋め合わせる」など、プロジェクトの枠を越えて会社の合意を取り付けるために奔走することもあります。

　そのため、PMが管理する範囲は社内外問わずすべてのステークホルダーであり、すべてのステークホルダーの利害関係を把握することが求められます。

> Point!
>
> 「コミュニケーションが苦手」「自分より年も立場も上の相手にコンタクトしにくい」「相手がいつも忙しそうにしている」など、ステークホルダーの協力を引き出すことが難しい場合は、相手と密接に連絡が取れる別のステークホルダーをベンダーまたはユーザー内部に作り、その人を通してコミュニケーションを図るのも有効な方法です。

●プロジェクトリーダー（PL）

　プロジェクトリーダーはプロジェクトの実行に責任を負います。実際に開発メンバーの進捗を管理したりスケジュール調整を行うのはPLの役割です。PMとの違いは、**プロジェクトを計画どおり遂行するまでがPLの責任範囲**であり、計画そのものが変更を余儀なくされた場合に計画を立て直したりPLを交代するなどの判断に責任を負うのがPMという点です。

●設計担当者

システムを設計する技術者です。経験を積んだプログラマーやシステムエンジニアとして設計を担当することが多いです。設計を担当した機能について責任を負います。

●実装担当者

設計書に基づいてシステムのプログラミングを行います。設計どおりの機能を実装する責任を負います。

●営業担当者

会社や開発部門の売上目標を達成することに責任を負います。プロジェクトにおいては、ユーザーとの業務委託契約に関する交渉（見積金額や納期、その他前提条件の提示など）を行い、開発チームとユーザーをつなぐパイプ役を担います。ベンダーがパートナー会社から開発要員を調達する場合は、パートナー会社との間の業務委託契約に関する交渉も行います。開発チームが見積もった工数に対してどのくらい利益を乗せて提示できるかは会社間の関係性にもよりますが、営業担当者の手腕でもあります。プロジェクトが行われていないときは、自社開発システムのデモを持参して客先へ営業活動を行ったりします。

ユーザーのステークホルダー

ユーザーのステークホルダーは、次のように分類されます。わかりやすくするために、ユーザーは元請け会社ではなく、顧客（情報システム部門のない会社）であると仮定します。

- 経営責任者
- ベンダーとの窓口担当者（システム管理者）
- システム利用者（ユーザー）
- 営業担当者

ユーザーのステークホルダーは、システムの規模や社内での位置付けによって多種多様な組み合わせが存在します。次の図は、システム部門がない会社が社内で利用するためのシステムを発注した場合の例です。ここでは、

ベンダー（受注側）との連絡窓口を行う担当者が社内でのシステム管理を担当すると仮定しています。

ユーザーのステークホルダー

| 経営に関わる判断 | システムの保守管理 | システムの業務利用 | 金額等の交渉 |

| 経営責任者 | システム管理者 | システム利用者 | 営業担当者 |
| 経営責任 | 管理責任 | 利用責任 | 売上責任 |

情報システム部門が
ない場合は要注意

●経営責任者

経営責任者は、プロジェクトの企画・立案を行い、プロジェクトの実施に対する経営責任を負います。計画どおりにシステムが導入されて問題なく業務が回っているにも関わらず、企画・立案の段階で立てていた経営目標が達成できなかった場合、その責任は経営責任者にあります。

●システム管理者

システム管理者は、システムが安定稼働するために必要な保守管理業務を行う責任を負います。サーバーやネットワークを含めた広い知識が求められるので、社内に情報システム部門がない場合はベンダー（受注側）との間でシステム保守契約を締結し、いつ何をするかを決めて実施してもらう必要があります。

また、システム管理者本来の役割とは別に、発注に際して営業担当者と連携して発注先の選定や業務委託契約の締結を行ったり、発注先との間で開発に関するさまざまな連絡を行う立場を兼ねることが多いです。会社によっては経営者自らこの役割を担う場合がありますが、その場合は経営責任も併せて背負うことになります。

●システム利用者

　業務フローに沿ってシステムを利用する立場です。他のステークホルダーほど責任は大きくありませんが、システムの使い方を守って運用する責任があります。たとえば、操作の順番を誤ってデータが壊れてしまったり、ログイン画面をつけたまま席を外してパスワードが漏えいするなどといった不適切な利用が原因で問題が発生した場合、システム管理者だけでなく当該利用者も責任を負うことがあります。社内に情報システム部門がない場合、誰も注意喚起する人がいないため、特にこの点に注意する必要があります。

●営業担当者

　ベンダー（受注側）の営業担当者と同様に、会社や所属部門の売上目標を達成することに責任を負います。開発の現場からは遠い立場にありますが、ベンダーの利益がほとんど残らないような金額を発注条件にしたり、ベンダーの足元を見るなど、会社間の力関係を（良し悪しは別として）最大限に利用することができてしまう立場です。

04 ユーザーとベンダーの利益相反要因とは？

当事者間の行為が、一方の立場では利益になり、他の立場では不利益になることを「利益相反」というんだよね？

そうだよ。ユーザーとベンダー、つまり会社間の利益相反についてみていこう

ユーザーとベンダーの利益相反要因

ユーザーとベンダーの間では、次の場面で利益相反となる可能性があります。

- システム開発の費用見積
- 開発スケジュールと納期
- システムの品質目標
- 採用する開発モデル
- システムへの要望

69ページで販売店と顧客の関係を例として利害の違いを説明しましたが、システム開発におけるユーザーとベンダーの関係に置き換えてみましょう。

ユーザーは、合意した要件を満たしたシステムを開発することを期待しますが、それ以外にも「なるべく開発費用を抑えたい」「なるべく早く開発して欲しい」「なるべく早く発注手続きを済ませたい」「システムの導入によって自社のビジネスを加速させたい」など、開発には含まれない多くの期待を抱いています。これらはシステムの要件ではありませんが、ユーザーの経営層や営業担当者など、自社の事業目標や売上目標に関心の強いステークホルダーにとっては、システムの中身よりも重要な関心ごとです。

ベンダーは、受発注の関係における立場は違えども営利企業である以上は利益を出さなければなりません。その手段として、ユーザーと合意した要件を満たすシステムを開発します。もちろん、単に開発するだけでは利益が担保されません。プロジェクトが赤字にならないように、見積や納期、要員計画などあらゆる場面でリスクを回避することを重視します。これらはシステムの要件ではありませんが、ベンダーの経営層や営業担当者など、自社の事業目標や売上目標に関心の強いステークホルダーにとっては、システムの中身よりも重要な関心ごとです。

　このように考えると、ユーザーとベンダーは「合意した要件を満たしたシステムを開発する」という一点でのみ利害が一致していますが、それ以外の関心ごとの多くはお互いに自社の利益を確保することに根付いていることがわかります。

ユーザーとベンダーの利益相反要因

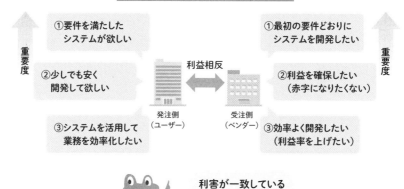

　図のとおり、ユーザーとベンダーは商取引によって関りを持っているので、常に「販売店と顧客」の関係にあります。

> Point!
> - ● ユーザーは高品質なシステムを低価格で開発してもらいたい
> - ● ベンダーはリスクを最小限に抑えて利益を確保したい

🔵 開発費用の見積

　ユーザーは、なるべく開発費用を抑えるために、双方の営業担当者同士の会話の中で「他社に相見積もりをとっている」「このくらいの金額なら社内のプロジェクト稟議がスムーズに通りそう」などといった情報を出すことがあります。ビジネス上の駆け引きなのですが、43ページで見たように、ベンダーにとっては見積を急がされるほどリスクが高くなります。工数の根拠が薄い概算見積を正式な見積として提示してしまうと、金額交渉の場でユーザーから「作業を効率化して工数を削減できないか（安くできないか）？」という無理難題を迫られます。

> Point! 🐾
> ● 見積が早く安く提示されることはユーザーにとってはメリット
> ● 根拠のない見積を提示することはベンダーにとってはデメリット

🔵 開発スケジュールと納期

　ユーザーは、自社が希望する時期にシステムを導入したいと考えますが、42ページで見たように、年末や年度末は開発要員の調達が難しい（調達コストが高くなる）場合があります。ベンダーの都合お構いなしに納期が決定すると開発コストが高くなり、ベンダーの利益を圧迫する要因になります。

> Point! 🐾
> ● 希望する時期に開発してもらえたらユーザーにとってはメリット
> ● 開発時期によってはベンダーにとってデメリット

🔵 システムの品質目標

　ユーザーは、ベンダーから提示された費用見積の金額に関わらず、納品されるシステムは不具合が限りなく少なく、操作性も快適で、長期的に安定稼働することを期待します。しかし、システムに完璧はありません。限りなく完璧に近づけることはできますが、そのためにはシステムの品質目標を高くして、テスト工程に費やす工数を増やさなければなりません。これはベンダーにとって開発費用が増えることを意味しますが、ユーザーは品質を高めるのは当然と思っています。「そのために相応の報酬を支払うのだから」とい

う感覚です。

● 採用する開発モデル

　ウォーターフォールは、品質目標や成果物の量など最初に細かく取り決めを行うので、要件が変わりにくいプロジェクトに適しています（54ページ参照）。しかし、要件が変わりやすいプロジェクトにウォーターフォールを適用したり、ユーザーに開発プロセスを守ってくれないステークホルダーがいると、要求と要望の隙間（曖昧な仕様）を見つけては次々と仕様変更を求められ、工程が何度も逆戻りし、ベンダーは当初の見積金額内での対応を強いられるリスクが高まります。この点、アジャイルであれば、より細かな機能単位で要件定義からやり直すので、仕様変更や機能追加に対する追加費用を請求しやすく、柔軟に対応できます。

● システムへの要望

　ユーザーはシステムそのものではなく、システムをビジネスに活用することによって生まれる価値を期待しています。そのため、要件定義の工程と同じような感覚で、あとから思いついた要望を伝えようとします。自社のビジネスをより良いものにしたいという前向きな考えが背景にあります。

　一方、ベンダーは少ない作業量でシステムを完成させるとプロジェクトの利益率が上がるので、要件定義書に盛り込まれていない機能を要望された場合は別料金として扱いたいと考えます。

要望はリスクそのもの

この機能は●●したほうが便利だと思います！

少しでもシステムを良いものにしたい

利益率を下げたくない！

それは当初の要件には含まれていないので…

いや、普通に考えたら要件に含まれますよね??

でも、仕様書を確認して合意されたではありませんか？

発注側（ユーザー）　受注側（ベンダー）

仕様書に●●しないとは書いてませんよ？追加ではないのだから予算内でやってください！

書いていないことまで要件に含まれるなんて極論すぎます！

ベンダーは追加要望が怖い…

Point!
- システムの改善要望を取り入れてもらえたらユーザーにとってはメリット
- 当初の要件にない要望を対応するのはベンダーにとってデメリット

 ## 会社間の利益相反要因をどう扱うべきか？

業務委託契約を交わす際に、次の点を明確にして合意しておくことです。

- 報酬の支払い条件、支払いタイミング、支払い方法
- 仕様変更やトラブルが発生したときの対応範囲と対応方法
- 成果物の検収方法、検収期限、期限を過ぎた場合の取り扱い
- 開発したシステムに含まれる著作権や知的財産権の帰属

　契約書に記載しにくい細かな取り決めは添付資料として契約書に添付し、契約書および添付資料に記載のない事柄が発生した場合は本件契約とは切り離して別途協議とする旨を明記しましょう。

　利益相反要因につける特効薬はありませんが、商取引の中で発生する要因ですから、**どちらか一方が不利になる条件を他方に飲んでもらうからには、**

それに見合った価値（対価）を何らかの形で差し出すのが公平な取引です。

　多くの場合、ユーザーがベンダーに差し出すことのできる対価はお金です。システムの完成を急がせたり、当初の計画以上の品質を求めたり、要件にない要望を取り入れてもらうのであれば、それに見合う追加料金を支払うことです。予算がない場合は、開発チームの作業場所を自社で用意してコミュニケーションコストを削減したり、要件を見直して優先度の低い機能を開発対象から外すことも検討の余地があります。

　それは理想論だと思われるかもしれません。日本の商習慣に顧客優位の考え方が根付いていることは事実ですし、会社の規模や資本力もユーザーのほうが大きいことが多いので、どんなに契約書で開発範囲や品質目標に合意していても、信頼関係を壊さないためにベンダーが譲歩することが多いです。しかし、この風潮に甘んじていては、ベンダーはいつまでたってもリスクを回避することで精いっぱいになり、開発の目的が「ユーザーのビジネスに貢献すること」ではなく「決められたとおりに作ること」に留まってしまいます。開発費用が増えてもユーザーが望むようなすばらしい提案を心に秘めていても、提案すること自体がリスクになると思うと言えなくなってしまいます。そうすると、ユーザーは要望を取り入れてくれるのが当たり前と思い、断られるたびに減点方式でベンダーを評価するようになります。ベンダーは加点の機会を得にくくなるのです。そのような関係自体に本質的な不平等があることをユーザーとベンダーの双方が認識しなくてはなりません。

05 ベンダーの社内における利益相反要因とは？

会社間の利害が一致しないのはわかるけど、社内でも利益相反が生じることがあるの？

社内の人間は基本的に味方だけれど、悪意がなくても結果的に他の人の足を引っ張ることがあるんだ。普段から社内のステークホルダーとの人間関係を良好に保っておくことが大切だよ

社内における評価基準と役割の違い

　開発を行う独立した部門があるベンダーを考えてみましょう。システム開発を受注したとき、営業部門も開発部門も「会社の売上目標に貢献する」という大きな目的は一致しています。しかし、部門や役職によって社員の評価基準や責任は異なります。営業部門では営業成績によって評価され、開発部門では新しい技術スキルの習得など成長目標の達成度合いが評価されることがあります。自分の業務内容と評価基準を一致させたいと思うのは当然のことですから、自分の評価に直結しないことには関心が向きにくく、優先度も低くなります。

　また、評価基準とも関連して、会社が求める役割も立場によって異なります。営業部門には少しでも多く開発を受注して売上目標を達成する役割が期待され、開発部門には着実にプロジェクトを遂行して（営業部門が獲得した売上から）少しでも多く利益を確保する役割が期待されます。

　そのため、受注確度を上げたい営業担当者は、ユーザーの予算を探りつつ競合他社よりも早く見積を提示したいと考えます。商機を逃したくないのです。その点では開発部門も利害は一致しています。

　ここで開発部門が工数見積を行うために必要な時間を削って制度の低い見積を行うと、「この機能はもっと少ない工数で完成できたらいいな」という

心理的バイアスがかかり、全体として不足気味の工数見積になります。見積書として受注確度は高まりますが、工数不足の見積をもとに立てた開発スケジュールは必ずどこかで破綻します。残業や休日出勤の頻発、品質低下によるシステム不具合対応の増加などで利益率を圧迫することになります。

会社の期待と営業の立場

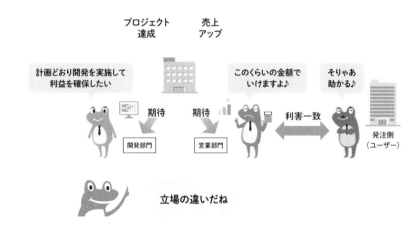

立場の違いだね

 ## 他部署の社員がプロジェクトに関わる

　ベンダーのプロジェクトメンバーはできるだけ同じ部署内で構成したほうがコミュニケーションがとりやすいので望ましいですが、会社の規模や人員配置の都合上、他部署の役職者がプロジェクト責任者やPM（プロジェクトマネージャー）など直接開発作業を行わない（比較的動きやすい）ポジションに就くことがあります。この場合、自部署の役割と兼任することが多いので、プロジェクト体制図に名前は載っているけれど実質的な役割をあまり果たさないことがあります。よくないことではありますが、それが現実です。

　たとえば開発チームが顧客先に常駐して開発するような場合、兼任のPMは社内で自部署の仕事を行い、開発現場のことはPL（プロジェクトリーダー）に一任します。実質的に「丸投げ」の状態です。

　システムの詳細も開発現場の様子もわかっていない人がPMになると、現場を指揮するPLはPMに相談がしにくくなります。PMの権限でなければ解決できないような問題が発生しても、PMに事の重大さが伝わらないと、効

果的な対策が期待できません。

 開発が遅れているので増員を検討いただきたいのですが

 増員は(利益率を圧迫するから)最後の手段ね。作業を効率化することは十分考えたの?

 はい、私なりに手は尽くしているのですが

 増員の件は営業に伝えておくから、営業の●●課長と相談してくれる?

　実際、このようなPMはいます。プロジェクトが中止に追い込まれるほどの危機感を覚えたときは(プロジェクトの達成目標が果たせなくなるとPMの責任が問われるので)積極的に動いてくれますが、そこまでの問題意識を感じていない場合は(自分が解決しなくても問題ないと考えて)相談役を果たせば十分というスタンスなのです。

　71ページで見たように、PMとPLは責任範囲が異なります。増員は計画外のコスト支出でありプロジェクトの利益率に悪影響を及ぼすので、PMが判断すべき場面ですが、この例ではPMがPLと営業に判断を丸投げしています。このPMは、自部署のプロジェクトと同じように対応しているつもりかもしれませんが、PLにとっては普段あまり会話をしない他部署の上司がプロジェクトに積極的に関わってくれるようにコミュニケーションを工夫しなければならないという点だけでも大きな苦労があります。

プロジェクト間の優先度

　ステークホルダーが同じ部署内で構築できた場合でも、複数のプロジェクトが同時進行していると、やはりPMは兼任という形になることが多いです。他部署のPMに比べればコミュニケーションコストは低いものの、複数のプ

ロジェクトの達成責任を背負っているPMですから、全部のプロジェクトを成功させることが難しい場合は会社にとって痛みが小さいほうを犠牲にする判断をせざるを得ません。たとえば、5000万円の利益が見込めるプロジェクトの利益率が10％下がるよりも、500万円の利益が見込めるプロジェクトの利益率が10％下がるほうがましです。もちろんお金だけでなく、ユーザーとの関係性も含めて総合的に判断するべきですが、PMの判断次第で、期待する助力が得られない開発チーム（PL含む）が出てきます。

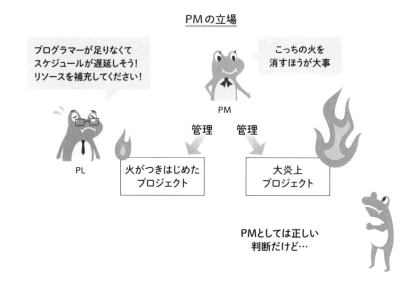

PMの立場

プログラマーが足りなくてスケジュールが遅延しそう！リソースを補充してください！

こっちの火を消すほうが大事

PM

管理　管理

PL

火がつきはじめたプロジェクト

大炎上プロジェクト

PMとしては正しい判断だけど…

　これはPL/PM間の利益相反というよりも会社全体として受け止める問題ですが、PLとPMは責任範囲が異なることをPMからPLにしっかり言い聞かせておかないと、PLだけがしんどい思いをします。

社内の利益相反要因への向き合い方

　社内の利益相反要因もまた、完全に取り除くことはできません。利害が異なる人たちがそれぞれの立場で責任を果たすことによって会社は成り立っているからです。
　したがって、社内の利益相反要因によって生じるリスクはベンダーが会社全体で受け止めて対処しなければなりません。システム開発の業務委託契約を締結した時点でベンダーは「開発範囲・金額・納期」などに合意したことに

なり、会社として契約を守る責任が発生するからです。

　大切なのは、**社内のステークホルダー全員が「会社や部門でリスクを共有している」という認識を持ち、決して責任を一人だけに押し付けないこと**です。当たり前の正論だと思われるかもしれませんが、社員の年齢層が広い会社や、社内の風土によっては、この当たり前のことが非常に難しく、プロジェクトが失敗する一因になります。

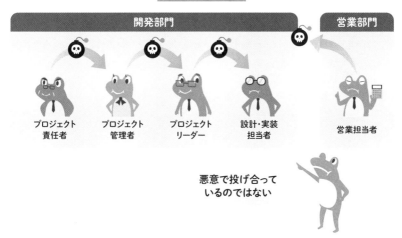

リスクの投げ合い

　特に、立場の違いを考慮したうえで上手に意見を伝える処世術が十分に身に付いていない若いPLは、年長者であるPMと意見が異なる場合に自分の考えを伝えにくいものです。ここはステークホルダーの調整役であるPMがPLをフォローする場面です。PMはPLに集中しがちなプロジェクトの課題を解決することができる立場だからです。もしもPMが他部署の上司である場合は自部署の上司に相談して、次のような対応を行ってもらいましょう。

🔴 PMが取るべき行動
　PMは、営業担当者が希望する見積金額や要員調達の条件などがPLの希望とどのくらい乖離しているかを把握するために、両者にヒアリングを行ってください。そして、営業部門としてユーザーにこれ以上は譲歩できない事情（これ以上は見積金額を高くできないなど）があればそれをPLに会社の事情であることを理解させ、PLの希望に沿えない部分が原因でプロジェクトがう

まくいかなかった（目標の利益率を維持できなかった）としても、それはPLの責任ではないことを言葉で直接伝えてください。

　PLの権限や裁量で解決できないことが原因で失敗をしても、それはPLの責任ではないということを理解させることによって、はじめてPLは本来の能力を発揮でき、たとえプロジェクトが失敗しても次のプロジェクトに活かす前向きなモチベーションが生まれるからです。もしもここでPMがPLからプロジェクトの実情を十分に聞かずに「作業の効率化」「スケジュールの最適化」などと非現実的な理想論を持ち出してPLを励ますと、PLはプロジェクトの失敗が自分の責任だと感じてしまうので、成長につながりません。部下や後輩にあたるPLが育たないと困るのは上司であるPM自身なのですが、それをわかっていないPMは、会社のことを考えているようで実は保身に走っているだけであることを自覚するべきです。

●営業部門と開発チームをつなぐパイプ

　すべてのステークホルダーが管理対象であるPMは、自社の営業部門と開発チームをつなぐパイプ役でもあります。営業担当者とPLが円滑にコミュニケーションできるように、3人で食事をしたり飲みに行く機会を設けるなどして、（おそらくこの3人の中で一番年少者である可能性の高い）PLが、受け身ではなく自分から相談をしてくることができる雰囲気を作りましょう。もちろん、PM自身も営業担当者と仲良くなるように努めてください。

Point!
社内の利害調整はPMの役割ですが、そのためにはPLがPMに相談しやすい環境をPMが率先して整えることが重要です。PLが負えない責任はPMが負い、PMが負えない責任は部署/部門や会社が負うと考えるようにしましょう。

---

06 ベンダーとパートナー会社の利益相反要因とは？

パートナー会社とか協力会社って言葉をよく聞くけれどどういうこと？

グループ会社のように会社間に上下の関係がなく対等な関係にある会社を指すよ

パートナー会社へ再委託した場合はどんなリスクがあるの？

ユーザーとの契約で再委託が認められている場合に限るけど、ステークホルダーが増えるから利害の摩擦も生じやすくなるよ。どんなリスクがあるのか見ていこう

報酬支払の条件について

　システム開発の業務委託契約には、大きく分けると請負契約と準委任契約の二種類があります（請負契約は一括請負契約と呼ばれることもあります）。261ページで詳しく解説しますが、準委任契約には「履行割合型」と「成果完成型」があり、契約形態によって成果物の完成責任や報酬の対象、支払いの条件が異なります。

請負契約と準委任契約の違い

	請負契約	準委任契約	
		履行割合型	成果完成型
成果物の完成責任	有り	無し	無し
報酬の対象	成果物の完成	労働力や労働時間	業務の遂行で得られた成果物
報酬支払の条件	成果物の納品	業務の遂行割合	成果物の納品

請負契約の報酬は成果物（システム）を完成させることへの対価であり、システムの納品（引き渡し）が支払いの条件です。したがって、システムが完成しなかった場合は支払われません。どんなに開発期間がかかったとしても、発注側は何も得ていないのですから、支払う理由がありません。逆に、納期までに納品できなかった場合は契約違反として損害賠償を請求されることもあります。

請負契約でシステムが完成しなかった場合

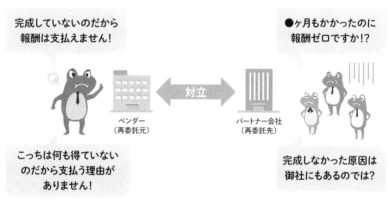

完成していないのだから
報酬は支払えません！

●ヶ月もかかったのに
報酬ゼロですか!?

ベンダー
（再委託元）

対立

パートナー会社
（再委託先）

こっちは何も得ていない
のだから支払う理由が
ありません！

完成しなかった原因は
御社にもあるのでは？

どちらの言い分も
わかるけど…

　一方、履行割合型の準委任契約では、システム開発に投じた労働力や労働時間に対して報酬が発生し、開発の遂行割合に応じて（工程や機能ごとに）支払いを行うことを契約で定めることができます。したがって、諸事情でシステムの公開時期が早まって実装すべき機能の一部が間に合わなかったり、受け入れテストの段階で重大な機能漏れが発覚してリリースを中止することになった場合でも、契約で定めた遂行割合を達成した分については報酬を請求することができます。

　また、成果完成型の準委任契約は、システムの完成義務はありませんが、報酬の対象は成果物なので、どんなに時間がかかっても成果物がなければ報酬を請求することはできませんが、たとえば完成した一部の機能だけシステムが動作する場合に、その状態のシステムを成果物として納品すれば報酬を請求することができます。

このような違いがあるため、開発費用を支払う立場にあるユーザーや再委託元としては、システムが完成しなかった場合に報酬を支払わなくて済むように請負契約または成果完成型の準委任契約を希望するケースが多いです。

一方、再委託先のパートナー会社としては、システムが完成しなかったとしても実際に労働した分の報酬を請求できないと損害が大きいので、履行割合型の準委任契約を希望するケースが多いです。

 ## 再委託のリスク

ベンダーにとって再委託のメリットは、自社のリソース（主に人件費）を使うよりもパートナー会社から供給したほうが安く抑えることができる点です。しかし、供給されるのは自社の社員ではないので、期待する技術力が備わっていない人を選んでしまうこともあります。パートナー会社が提示する見積金額は、その社員のスキルや経験年数などを反映していることが多いからです。少し極端な言い方をすると、人件費と能力を天秤にかけることになります。

もちろん、ベンダーが再委託を検討する理由は開発コストを抑えて自社の利益を確保するためだけではありません。見積は通りそうだけれど社内にリソースが足りない場合、パートナー会社から開発要員を供給すれば、受注もできて開発コストも抑えられるので、再委託するメリットは大きいです。

一方、パートナー会社も再委託を受けることで売上が増えるため、両社の利害は金銭面では一致しているように思えます。しかし、ベンダーにとって自社の社員ではないにも関わらず、契約形態のうえではベンダーの指揮監督下で開発作業を行ってもらわなければならないので、再委託をしないで自社開発する場合と比べて次のようなリスクが高くなります。

1. PLの指示に従ってくれないリスク
2. 開発手順を逸脱して手戻りが増えるリスク
3. 成果物の品質にばらつきが生じるリスク
4. 機密情報が漏えいするリスク

1はパートナー要員の経験年数が高いほど起きやすい傾向があります。単純にPLよりも年長の場合もありますし、自分なりの作業方法を確立していることが多いからです（筆者が30代でPLを務めていたとき、パートナー会

社から60代のベテランプログラマーを提案されたことがありました）。PLは
プロジェクトを進めるために必要な指示を行わなければなりませんが、パー
トナー要員にとってはプロジェクトの成功よりも自分が任された作業を正確
に早くこなすことのほうが重要なので、決められたとおりに作業するよりも
自分にとって効率が良いと思う方法を選ぶ傾向があります。それがPLから
は「指示どおりに動いてくれない」ように見えるのです。

　2と3はパートナー要員にとっては初参加のプロジェクトですから当然と
いえるでしょう。ベンダーは、パートナー要員に自社のメンバーが共有して
いる開発手順を教えたり、成果物のフォーマットに間違いがないか、ドキュ
メントに記入事項が漏れていないかを入念にチェックすることが求められま
す。

　4はパートナー要員がベンダーの会社に常駐して開発作業に当たっていて、
仕事の遅れをリカバリするために自宅や会社に設計書などを（メール等で）持
ち帰るような場合です。パートナー要員は自分よりも（プロジェクトの体制
上）権限が強いPLへの遠慮があったり、会社から残業や休日出勤を控えるよ
うに言われていることがあります。パートナー会社にとって残業や休日出勤
は自社の利益減少を意味するからです。すると、ベンダーと自社の利害の板
挟みになったパートナー要員は、いけないことだとわかっていても、責任感
から自宅に仕事を持ち帰ることを選んでしまうことがあります。

　ここで1〜4について根本的な原因を考えてみましょう。ベンダーはユー
ザーに対して納期までにシステムを完成させる責任を負っているので、請負
契約または成果完成型の準委任契約を希望する場合が多いです。履行割合型
の準委任契約（261ページ）だと、成果物が完成せずユーザーへの納品責任を
果たせなくなったとしてもパートナー会社へ報酬を支払わなくてはならない
からです。

　ただし、1〜4のリスクを抑えるために成果完成型の準委任契約とした場
合、業務の実態が偽装請負（254〜256ページ）に該当しないように注意す
る必要があります。

　請負契約にするとパートナー会社側での進捗や課題が把握しにくくなるこ
とが懸念されますが、クラウドで課題管理表を共有したり、ユーザーへの進
捗報告よりも短い間隔でパートナー会社との進捗会議の場を設けたり、近隣
のパートナー会社であればベンダー企業内に開発スペースを用意して同じ場
所で開発を進めるなど、対処方法はあります。

　準委任契約のパートナー会社は、契約に定めのない限り、設計や実装など成果物を完成させることに責任を負うのではなく、ベンダーの指揮監督下で委任された業務を実施することに責任を負います。ですから、自己流で作業したほうが効率がよいと思ったとしても、作業の方法や手順、成果物の精度についてはベンダーのPLの指示を守ることが求められます。指示どおりに業務を実施した結果、自己流なら起きないような問題が起きたとしても、パートナー会社の責任にはなりません。請負契約の場合は逆で、パートナー会社の責任になります。

　この違いについて、ベンダーとパートナー会社の間では認識があっていても、開発に参加するメンバー個人にまでは伝わっていないことが多いです。

　PLが、営業担当者やPMからパートナー会社との契約形態を知らされていなかったり、ベンダーとパートナー会社の責任範囲を正しく認識できていないと、PLとパートナー要員との間に（はっきりわかるほど表面化しませんが）責任範囲の認識について齟齬が生じます。その結果、**PLの責任において指示すべきことを指示せずにパートナー会社の裁量に委ねてしまい、1〜4のようなリスクを要因とする問題が引き起こされます。**

労働時間に関する利益相反要因

　準委任契約でパートナー要員を調達する場合、パートナー会社は基本的に1人月単位で見積を提示します。半月だけ参加させて残り半月は自社の業務に戻すような都合のいい調整はできないからです。しかし、委託したい業務量をちょうど1人月単位に調整することは難しいので、「1ヶ月あたりの労働時間は、時間外労働（残業）を含めて最長何時間まで」といった特約をつけることがあります。それを越えて業務を行った分の精算方法については別途協議する、という条件付きの契約です。同じ単価なら上限ギリギリまで稼働してもらえるように作業を割り当てたほうが得なので、この特約はベンダーにメリットがあるように思えますが、パートナー要員が単価に見合った生産性を発揮できるかどうかはベンダーにとってはリスクなので、この特約にはリスクへの備えという側面もあります。

　しかし、パートナー会社が当該要員に支払う給与は残業代が加味されます。本人にしてみれば、会社間の契約形態がどうであれ、参加したプロジェクトで時間外労働を行ったのに会社から残業代が支払われなかったら問題になるからです。つまり、パートナー会社としてはなるべく時間外労働をして

欲しくありません。ここに両社の利益相反が生じます。

労働時間に関する価値観の違い

近年は、労使関係のトラブル防止のために、定時になったら半ば強制的に
パートナー要員を帰宅させる現場もあるようですが、リリース前など繁忙期
はそうもいきません。

また、契約期間が終了してパートナー要員が去ったあと、当該要員が作成
した成果物（設計書やプログラム）に重大な瑕疵が見つかった場合に、パート
ナー会社に責任を問えるのかどうかといった問題もあります。

そこで、ユーザーとベンダーの間の契約と同様に、ベンダーとパートナー
会社の間の契約においても、次の点を明確にして合意しておくことが重要で
す。

- 報酬の支払い条件、支払いタイミング、支払い方法
- 仕様変更やトラブルが発生したときの対応範囲と対応方法
- 成果物に含まれる著作権や知的財産権の帰属

07 目に見えないリスク要因にはどんなものがある？

 システム開発において、認識のずれや思い違いなどといった誤認は大きなリスクだよね？　どうやったらリスクを回避できるのだろう？

 費用面や技術的な問題と違って、誤認リスクは目に見えないから対策が遅れがち。解決の鍵は「可視化」することだよ。よく問題になる誤認リスクについて、対処方法をみていこう

要望と要件に関する誤認

　ユーザーがITに詳しくない場合、システムに対する要望と要件を混同してしまうことがあります。たとえばある機能について3秒以内に処理が終わることを要件として定めていたとしても、「もう少し早く処理が終わらないとユーザーから不満が出そうだ」といった具合です。ユーザーが、要望をかなえることを約束するのが要件定義だという認識を持っていると、どのようなシステムも満足できませんし、要件定義の意味がありません。ここでベンダーが要件定義を根拠に対応を拒んだり、技術的に無理であることを伝えると、ユーザーには「融通が利かない」と思われてしまいます。ユーザーが本来の合意事項を越えた期待を抱くと、要件定義書で合意したとおりのシステムが完成してもユーザーは満足できず、ベンダーが納品責任を果たしても不満だけが残ります。

　こういった誤認リスクへの対処法としては、要件定義の段階でベンダーから次のことを説明することが不可欠です。

- すべての要望がシステムに反映できるわけではない
- 要望のうちシステム化する範囲を定めるのが要件定義の役割

- 要件定義書に明記されていない機能は開発対象外
- 開発対象外の要望に対応するには追加の費用と工数が必要

　ただし、説明をしただけでは不十分です。メールで伝えると受信者個人の認識を変えることしかできませんし、対面でも説明の場に居合わせた人にしか伝わりません。

　要望と要件を混同するのはプロジェクトに直接かかわっている人だけではありません。リリース直前の受け入れテストを実施するユーザーもまた、要望と要件をよく混同するステークホルダーです。彼らはシステムを業務に活用する当事者なので、システムの使い勝手に対して非常に敏感です。

　しかし、日常生活で家電製品の説明書を熟読する人があまりいないのと同じように、ユーザーは要件定義書や設計書を見ても「見慣れない専門的な資料なのでよくわからないが、私たちの要望どおりの仕様が書かれているに違いない」と考えがちです。そのため、システムの仕様を熟知しているベンダーとの間でよく認識が食い違います。

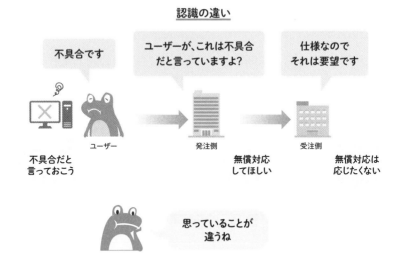

認識の違い

　ベンダーと直接やりとりすることが少ないユーザーの誤認リスクを回避するためには、ユーザー側の担当者に対して、次のことを説明して約束してもらうことが効果的です。

- 要望一覧表を作成してユーザーの要望を記録すること（誰が何を）
- 要望一覧表で「要望」と「要件」を明確に分けること
- 要望と要件の区別は要件定義書と設計書の記載に基づいて判断すること

要望一覧表のサンプルは139ページで解説します。

見積内容に関する誤認

　プロジェクトによって開発の内容に関するリスク（インフラや使用する技術、難易度など）が異なるため、開発部門のPM/PLは工数の算出に細心の注意を払います。しかし、営業部門には工数の妥当性や技術的なリスクがわからないため、どのようにリスクを金額に転化して見積書に反映すればよいのか判断に悩みます。提示した見積書に対するユーザーからの質問や値引き交渉に対応するのは営業担当者なので、自分がうまく説明できないリスクは過小見積りになりがちです。34ページで解説したように、自社の利益が確保できる範囲内でなるべくユーザーの期待に応えたい（受注確度を上げたい）という心理的バイアスもかかります。

　見積は金額交渉が絡むため、開発部門とユーザーの間に営業部門が介在します。ここでリスクが発生する（見過ごされてしまう）可能性があります。その結果、技術的なリスクを金額（つまり工数）でカバーした見積にならず、ユーザーにはそのようなリスクが存在していることが伝わりません。

認識の違い

この金額で受注
とってくるよ！

あとは開発
頑張ってね！

リスクを
伝えたのに
伝わっていない？

見積書

営業部門　　　　　開発部門

営業も悪気は
ないんだけどね

見積段階で考慮されなかったリスクは、開発段階へ先送りされます。リスクを抱えたプロジェクトは納期の遅延や利益率の低下といった形でベンダーにとってマイナス要因にしかなりませんが、営業部門としては受注した金額で売り上げが立つので、あとは開発部門が利益を損なわないよう頑張ってくれることを願うだけです。悪気がなくても、客観的に見ると社内でリスクを転嫁しているにすぎません。

　開発の内容に関する知見に乏しい営業部門と、開発に関するリスクに詳しい開発部門との認識のずれを埋めるためには、次のような前提条件を見積書に記載することを営業部門に伝えるとともに、見積書の内容を開発部門（少なくともPM）が確認してからユーザーへ提示することを営業部門に約束してもらうことが重要です。

- 見積に含まれる機能や作業の範囲
- 見積に含まれない機能や作業の範囲
- 開発に使用する技術、インフラ
- 開発に使用するプロセス（ウォーターフォールやアジャイル）
- プロジェクトのマスタースケジュール
- プロジェクトの管理方法と両社の責任範囲
- テスト工程の実施方法
- 納品物（成果物）の種類

前提条件の相互確認

前提条件を記載（可視化）して相互確認しよう

契約不適合責任に関する誤認

　ベンダーには、納品後のシステムに対する一定の責任があります。以前は瑕疵担保責任と呼ばれていましたが、2020年4年の民法改正で契約不適合責任へと名称が変わり、責任の範囲も変わりました。そのため、業務委託契約書に責任の範囲と対応方法を明記して合意しておかないと、トラブルの原因になります。

● 契約不適合責任と瑕疵担保責任の違い

　瑕疵担保責任では、納品したシステムに瑕疵（不具合、欠陥）があっても、納品してから1年以上経っていれば、無償で修正したり損害賠償責任を負う法律上の義務はありませんでした。どのように対応するかは協議して決めていました。

　契約不適合責任では、納品してから1年以上経っていても、瑕疵に気づいてから1年以内にベンダーに通知しさえすれば、無償で修理したり代金を減額したり、契約を解除することが法律上の権利として認められています。

請負契約における契約不適合責任と瑕疵担保責任の違い

	瑕疵担保責任	契約不適合責任
発注側の権利	瑕疵修補請求 損害賠償請求 契約解除	履行の追完請求 代金減額請求 損害賠償請求 契約解除
期間制限	目的物の引き渡し時から1年以内に責任追及	契約不適合に気づいてから1年以内に通知
損害賠償におけるベンダーの故意過失	不要	必要

　請負契約の契約不適合責任について重要な点を3つ知っておきましょう。

● 責任追及期間

　1つ目は、ベンダーに責任を問うことができる期間です。瑕疵担保責任ではシステムの納品から1年以内に限り責任を追及できました。言い換えると、納品から1年以上経ってから瑕疵に気付いた場合、ベンダーに無償で修正を要求することはできませんでした。しかし、契約不適合責任では、システムの瑕疵に気づいてから1年以内であれば責任を追及することができます。つまり、納品から1年以上経ってから瑕疵に気付いた場合でも、ベンダーは責

任を問われることがあります。

責任を追及できる期間

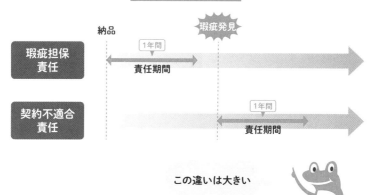

●ユーザーの請求内容

2つ目はユーザーがベンダーに何を請求できるかです。瑕疵担保責任では、「瑕疵修補請求」「損害賠償」または「契約解除」のいずれかを請求することができました。契約不適合責任では、これに加えて「代金減額」を請求することができます。

ユーザーの請求権

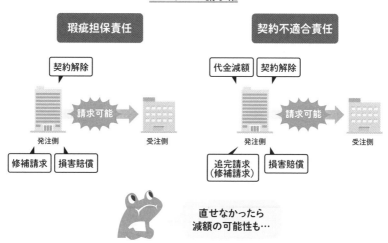

●ベンダーの免責条件

　3つ目は、ユーザーがベンダーに損害賠償責任を追及できるための条件です。瑕疵担保責任では、システムの瑕疵についてベンダーに故意や過失がなくても損害賠償を請求できました。しかし、契約不適合責任では、ベンダーに故意や過失があったと認められない場合は賠償請求できません。

　このように、民法改正の前後でシステムの瑕疵に対する責任範囲が変わっています。数年前に改正されたばかりですから、ユーザーとベンダーの双方が共通の認識を持っているとは限りません。この認識がずれていると、不具合の修正が無償なのか有償なのかでもめることになります。なぜなら、民法上の定めよりも、当事者間（ユーザーとベンダー）で締結する契約内容のほうが優先されるからです（一部例外はあります）。

　瑕疵に対する責任範囲を可視化するため、請負契約書に次の内容を必ず記載しておきましょう。

　1. どのような場合にシステムが契約不適合と見なすか？
　2. システム納品から何年後まで契約不適合責任を問えるのか？

　1.の判断は、要件定義書や設計書に記載があるかどうかで決めるのが合理的です。2.は、システム納品後に開発チームが解散したりベンダー企業が倒産や吸収合併などで消滅することも考えられるので、民法に定めがなくても必ず期間を定めておく必要があります。

> Point!
> **法律上の定めよりも両社間の契約が優先（一部例外あり）されるため、ベンダーが責任を負う期間・範囲・条件を契約書で定めることが重要です。**

　さて、これらを契約書に記載しておけば万全かというと、そうではありません。**納品後の環境変化が原因で発生した瑕疵については契約不適合責任を問えない**からです。そのため、開発作業に関する契約とは別に、納品後の保守契約を締結することが不可欠です。

保守契約書には次のことを明記しましょう。

- 保守業務の範囲と具体的な内容に関する条項
- 対応時間と対応方法に関する条項
- 料金と支払い方法に関する条項
- 秘密保持に関する条項
- 損害賠償に関する条項
- 保守契約の解除・解約に関する条項

これらの内容は、契約不適合責任と保守契約の関係からも必要です。同じ不具合でも、ユーザーが契約不適合責任を主張すればベンダーは無償対応を求められますが、保守業務の範囲内として扱えば有償対応になるからです。

技術とスキルに関する誤認

システム開発に必要な技術はさまざまですが、ベンダーが習熟していない技術を要する場合は、既知の技術を使うよりも多くの工数がかかります。

「全く対応できないわけではないが得意な技術ではない」という場合は、得意な場合に比べると開発に時間がかかるわけですから、工数見積を多めに算出して見積金額に転化しましょう。開発費用の見積をする頃には要件定義が終わっており、開発すべき機能と使用する技術が想定できるはずです。もしも見積金額の上昇を避けたい場合や、自社では対応できそうにない場合は、当該技術を得意とするパートナー会社に外注することも視野に入れましょう。

ただし、パートナー会社にはベンダーが知っているほど多くの（システムに関する）情報が届かない点には注意が必要です。要員の発注が決定するまでプロジェクトに関する詳細を漏らしてはいけないからです。そのため、パートナー会社が提案する要員が本当に当該技術に精通しているのかどうかは不確実性が残ります。要員の選定に関しては、パートナー会社から候補者のスキルシートが提示され、本人と両社の営業担当者を含めた3名で面談が実施されることが多いですが、なるべくPM/PLも参加して、スキルと経験について対面で確認を行うことが重要です。やや経験不足と思われる場合は、初月と2ヶ月目以降で単価を分けたり、稼働時間の上限を増やすなど、条件付きの契約とすることを検討しましょう。

発言内容に関する誤認

　システムテストのレビューや受け入れテストなど、リリースが近づくにつれてユーザーはプロジェクトに積極的に関わるようになります。開発者とは異なる視点でシステムを見るため、それまで気づかなかった不具合の報告や、要件とも要望とも受け取れそうな声が**ユーザーの言葉**として頻発する時期です。ここで気を付けなければならないのは、ユーザーが訴える不具合を鵜呑みにしないことです。本当に不具合なのか仕様どおりなのか、ユーザーはいちいち設計書を確認してから発言するわけではないからです。

　たとえば開発者なら「注文画面で追加ボタンを押しても注文明細が追加されない」と言うところを、ユーザーは「注文がうまくできないときがある」といった言い方をします。開発者は「おっしゃっているのはこういうことですか？」と問い返すことで、ユーザーの発言（メールやチャット、文書を含む）を具体化することを心掛けてください。「たぶんこういうことだろう」という思い込みで修正を行うと、仕様が複雑化したりシステム全体の整合性が崩れることがあるからです。一方、ユーザーも、「うまくいかない」「何かおかしい」だけでは圧倒的に情報不足だということを強く認識しておく必要があります。おかしいと思っている事象が再現する操作手順を、スクリーンショットを何枚も撮影して添付するぐらいの丁寧な姿勢（説明しようという気持ち）が求められます。

伝わる説明

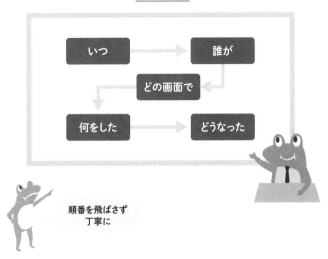

順番を飛ばさず
丁寧に

08 開発中の要望はどのように取り扱えばよい?

要件定義の段階ではシステムのイメージがはっきりしなかったけど、完成が近づくと要望を伝えやすくなってくるよね。開発が始まってから出てきた要望はどうやって伝えたらいいの?

仕様の漏れなのか変更なのかを判断する基準と、変更する場合のルールを「変更管理手順書」として定め、開発を始める前に合意しておくことが重要だよ。変更管理手順書は開発中だけでなくリリース後の運用段階でも使えるよ

変更管理とは?

　システム開発では必ず仕様変更が発生します。理由は上記のとおりで、開発が進むとシステムの具体的な形が見えてきて、要件が満たせているかどうかを判断しやすくなるからです。ベンダーも、要件定義書や設計書に記載されていない細かな仕様の中に、ユーザーが最初から要望していたことが含まれているのかどうか開発が進むまで判断できない（人によってどちらにも受け取れる）ことがあります。ここでユーザーが「要件に含まれている」と主張し、ベンダーが「要件に含まれていない」と主張すると、どちらの主張が正しいのか客観的に判断できず、両者の関係が悪化するだけです。

　そこで重要になってくるのが、仕様変更のルールを**変更管理手順**として定め、双方がルールに沿って要望を淡々と（事務的に）処理することです。要望が発生するたびに協議するのは非効率ですし、お互いにストレスがたまります。最初に合意したルールを守ってさえいれば、リリース後も同じ手順で処理していくことができます。

● 変更管理の流れ

次の図は、変更管理手順の典型的なパターンです。

変更管理の流れ

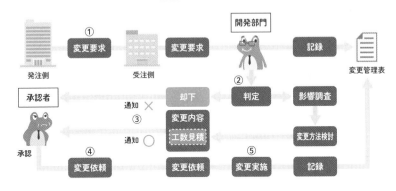

連絡→判定→影響調査→見積→合意→変更

まず、①ユーザーから窓口担当者を通してベンダーの開発チームへシステムの問題や要望を伝えます。この時点では、要望の内容が仕様どおりなのか仕様変更なのかはっきりしないことが多いです。

次に、②開発チームが内容を精査して、システムの不具合（瑕疵）なのか、仕様変更に該当するのかを**要件定義書や関連する設計書に記載されているかどうか**を基準として判定します。このとき、要望をシステムに反映した場合に他の機能への影響がないかを調査（影響調査）します。ユーザーが認識している機能以外に広範囲な影響が生じる変更であれば、短期間で対応できないかもしれませんし、リリース後であればユーザーが思っているよりも多くの費用がかかるかもしれないからです。場合によっては、広範囲な設計変更をしなければ対応できないこともあります。

③判定の結果と、対応する場合はどのように変更するのかを設計書などに反映してユーザーへ連絡します。有償対応になる場合は見積も添えます。

④ユーザーが変更内容と（有償の場合は）見積内容を確認して、変更に合意するかしないかを返答します。

⑤ユーザーとの合意に基づいて、ベンダーはシステムの変更を実施します。

仕様変更の判定基準

ここで②の判定基準についてパターン別に具体例を示します。

開発中の要望の切り分け

要件定義書の記載	設計書の記載	判定	対応の有無	費用
有り	有り	仕様どおり	無し	–
有り	有り	実装ミス	重要度に応じる	無償
有り	無し	設計ミス	重要度に応じる	無償
無し	有り	仕様変更	重要度に応じる	有償
無し	無し	仕様変更	重要度に応じる	有償

　要件定義書にも該当機能の設計書にも記載されている内容であれば、ユーザーの主張は仕様どおりと判断し、何も対応する必要はありません。このケースは、受け入れテストの段階ではじめてシステムを操作する（ユーザー側の）テスト担当者が、自分の期待とシステムの挙動が少し違った場合に覚えた違和感を「不具合ではないか」と思い込んでしまう場合に発生します。ただし、要件定義書と設計書の両方に記載されているのに実装されていない場合は、実装ミス（実装漏れ）と判定します。

　要件定義書に記載されているのに該当機能の設計書に記載がない場合は、設計ミス（記載漏れ）です。設計書に記載がないのでプログラムにも実装されておらず、明確な不具合です。内容の細かさにもよりますが、一番多いケースです。開発中であれば無償、リリース後であっても請負契約書や保守契約書に定めた期間内であれば無償で対応する責任があります。ただし、すべて対応すると納期に間に合わなくなる場合は、業務への影響や他の機能への影響の大きさを考慮して、優先度を決めて対応するしかありません。ユーザーには、納期までに対応が間に合わない不具合についてはリリース後なるべく

早く対応することを約束して納得してもらいましょう（納期を優先することで合意を取り付ける）。

　要件定義書に記載がない場合は、設計書の記載に関わらず仕様変更として扱います。要件定義書はユーザーが内容を確認して承認したうえで開発作業を開始しているはずですから、要件定義書に記載されていない要望は開発の対象外です。冷たく聞こえるかもしれませんが、この判定基準を緩めると、要件定義を行った意味がなくなってしまいます。言い換えると、ユーザーが要件定義書を承認したという事実をなかったことにするのと同じです。ここは**ベンダーは毅然とした態度を示さなければなりませんし、ユーザーも自ら承認した行為に責任をもたなければなりません**。当たり前のことですが、お互いが責任を果たさなければ信頼関係は成り立ちません。

●誰が変更の承認に責任を持つか？

　④の承認は、ユーザーのPMやプロジェクト責任者が行います。理由は、有償対応の場合は費用の支出を伴うからです。**社内でお金の支出に責任を持てる立場の人**が④の承認を行ってください。

　もしも、ベンダーとの連絡窓口を行っている担当者が社内では特に何の権限も持っていなかったり、システムの仕様に詳しくない場合（単なる事務要員の場合）、この窓口担当者が変更管理の連絡窓口を兼ねると、問題が起きる場合があります。窓口担当者が、ベンダーから送られてくる変更内容がどのくらい業務に影響するのか、他にもっと優先すべき変更があってもわからないまま承認してしまう可能性があるからです。

> Point!
> **変更要望は必ず文書化（電子ファイル可）して、変更の実施に責任を負えるステークホルダーが共有する体制を変更管理手順書に定めましょう。**

失敗しないためのチェックリスト

次の表は、プロジェクトが失敗しないためのチェックリストです。

チェックリスト

チェック項目	文書化	合意
希望するシステムの目的、達成目標、要件、予算が明確か？		
プロジェクトの目標がユーザーの課題解決方針と一致しているか？		
プロジェクトの前提条件が明確か？		
システム導入前の業務フロー図に現行業務の流れと課題が記載できているか？		
システム導入後の業務フロー図に新しい業務の流れが記載できているか？		
システムの機能要件と非機能要件が明確か？		
要件定義書の記載内容を実現すればユーザーの課題が解決するか？		
要件定義書の記載内容が技術的に実現可能か？		
開発の作業範囲と工程別の成果物が明確か？		
プロジェクトの完了条件が明確か？		
見積根拠（工数の根拠）が明確か？		
実作業の工数だけでなく管理工数も含まれているか？		
見積の前提条件が明確か？		
全てのステークホルダーの名称と役割が体制図に記載されているか？		
予算と仕様に責任と権限を持つステークホルダーと意思疎通できているか？		
採用する開発プロセスについて合意できているか？		
開発メンバーの役割と責任範囲が明確か？		
リスクを考慮したスケジュールになっているか？		
スケジュールが遅延した場合の対策についてユーザーと合意できているか？		
定例会や会議などで定期的にユーザーと課題を共有しているか？		
課題の優先度、対応方法についてユーザーと合意できているか？		
要望の扱いについてあらかじめ定めた手順に沿って対応しているか？		
成果物の量と質についての目標値を定量的に定めているか？		
成果物のレビュー（確認）は誰がどのように行うか定めているか？		
不具合発生時の対応ルールを定めているか？		

　チェック項目の多くは、上流工程（プロジェクトの開始時や要件定義）で確認すべき項目です。まだ始まっていない開発の中で起こり得る問題への予測と対応方法を先回りして文書化し、相手方の承諾が必要なことであれば事前に合意ができているかを確認してください。

　すべての項目に共通するのは文書化と合意です。文書化せずに口答やメールだけで約束したことは当事者にしかわからないので、「言った」「言わない」のトラブルになりやすいからです。

　また、このチェックリストは最低限の項目だと考えてください。システム開発はリスクとの戦いですので、プロジェクト管理の専門書や実践書を読むと、もっと多くの観点から多くの項目をチェックすべきと書かれています。しかし、プロジェクトによって規模も割り当て可能なリソース（人員、費用、期間）も異なるので、理想とされるすべての項目を完璧にチェックすることは現実的に不可能です。

　チェック項目がすべて○にならなければ失敗というわけではありませんが、なるべく○が多くなるように努めてください。○がつけられない項目があれば、それは「作成すべき文書が作成されていない」「文書に記述すべきことが記述できていない」ということです。

　ところで、このようなチェックリストはシステム開発に限らずさまざまな分野の業務に存在します。どれも「もっともらしいこと」が書かれているので、読んだときは納得しますが、実際に現場の業務に活かせるかどうかは別です。

　要件定義に参加してチェックリストを活用できる立場にあるのは多くの場合PMですが、PMも人間ですから、限られた時間の中で対外的なストレスやプロジェクトの達成責任など重圧に耐えながら冷静に自己チェックを行うのはなかなか難しいことです。主観でひととおりの自己チェックを済ませたら完了としたい気持ちが生じるのも仕方がないことです。

　そこで、チェックリストを実効性のあるツールとするために、PM以外のプロジェクト関係者にチェックリストを共有して、その人にもチェックを行っていただくことをおすすめします。PMの上にプロジェクト責任者がいる場合はその人に、いない場合は社内のPM経験者に協力をお願いするのです。

　もちろん協力者は要件定義に参加した当事者ではない場合が多いでしょうか

ら、ユーザーへのヒアリングや会議の場で出た発言については知るすべがなく、すべてのチェック項目について適切な評価ができるとは限りません。

　しかし、次の項目に関する不備は、当事者ではない第三者の立場からチェックしたほうが発見しやすいです。

・システム導入後の業務フロー図に新しい業務の流れが記載できているか？
・システムの機能要件と非機能要件が明確か？
・要件定義書の記載内容を実現すればユーザーの課題が解決するか？
・プロジェクトの完了条件が明確か？
・リスクを考慮したスケジュールになっているか？
・成果物の量と質についての目標値を定量的に定めているか？
・成果物のレビュー（確認）は誰がどのように行うか定めているか？
・不具合発生時の対応ルールを定めているか？

　PMから依頼された協力者は、PMの焦りや未熟さ（PMは万能ではないということ）を十分に考慮のうえ、「もしも自分が当該プロジェクトを成功させる責任を負う立場であったなら、この内容で開発を進めても大丈夫だろうか？」という緊張感をもってチェックしてください。

Chapter

03

システム開発会社へ
発注する場合

システム開発会社へ発注する場合に、ユーザーとベンダーの担当者がどのような場面で何に気をつければよいか、架空のプロジェクトで解説します。

01 プロジェクトの概要と開発体制はどうなっている?

システム開発会社に発注するとき、どのような開発体制が敷かれるの?

架空のプロジェクトを例として解説するよ。発注側と受注側それぞれ複数名の関係者がいるけれど、プロジェクトにおける役割と責任の違いに注目しよう

プロジェクトの概要

　発注側のA社は大手SIer（システムインテグレーター）の子会社で、親会社が大手製薬メーカーの●●製薬から受注した複数のシステムのうち、市販後調査（PMS）の進捗を管理するウェブシステムの運用保守を、10名程度のサポートスタッフで構成されるヘルプデスクにて対応しています。このシステムは、親会社のシステム開発部門が1年前に開発を行いましたが、リリース後の運用保守はA社のシステム推進部が行っています。

　運用保守が始まってからの1年間で、●●製薬からシステムに対するさまざまな改善要望があがっており、このたびA社は新規の開発プロジェクトを立ち上げて対応を行うことを決定しました。プロジェクトの予算規模は1億円で、要件定義とテストはA社が担当しますが、A社内の開発リソースが不足しているため、設計・実装・テストの大部分をシステム開発会社へ外注することになりました。外注先とのやり取りは、ヘルプデスクのリーダーであるY主任が行います。

　一方、受注側のB社は、ソフトウェア開発を中心にインフラ構築やヘルプデスクなどITスキルを必要とするさまざまな分野に対応できるエンジニア集団を擁する中小規模のシステム開発会社です。B社の営業担当であるK課長は、以前に別のプロジェクトでA社と関わったことがあり、そのとき知り合ったA社の営業担当者を通じて今回のプロジェクトを知り、B社のエンジ

ニア数名を開発チームとしてＡ社に常駐させて対応することが可能である旨を提案したところ、うまく話がまとまりました。

　Ｂ社もまた、自社の利益率向上のため、受注した開発範囲のうち設計のすべてと実装の重要な部分だけを自社で行い、残りの実装は自社よりも単価の安いパートナー会社Ｃからプログラマー数名を適宜調達する方針になりました。

　次の図は、プロジェクトに関わる会社の関係を表しています。今回のプロジェクトの中心は、緑色で囲ったＡ社（発注側）とＢ社（受注側）です。

プロジェクトに関わる会社

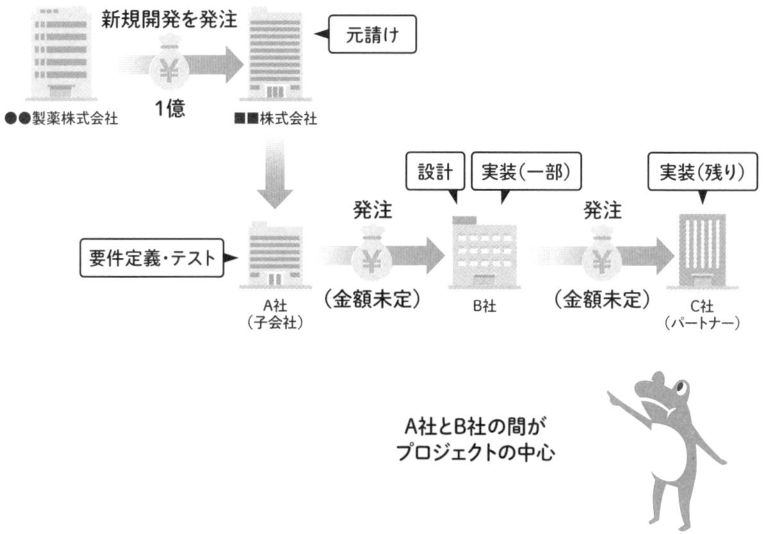

市販後調査（PMS）とは？

　医薬品や医療機器が販売された後に行われる、品質、有効性および安全性の確保を図るための調査のことです。製造販売業者（製薬会社や医療機器メーカー）は、厚生労働省の指示のもと、医療機関（病院や診療所）を対象に調査し、その内容を厚生労働省に報告する義務があります。

プロジェクトの体制

　プロジェクトを立ち上げるとき、参加するメンバーの役割を記入したプロジェクト体制図を作成します。体制図の目的は、メンバーの所属や指揮系統を可視化することによって全員の役割分担を明確にすることです。

　発注側（A社）から見た受注側（B社）のプロジェクト体制図と、受注側（B社）から見た発注側（A社）のプロジェクト体制図は次のようになっています。

AB社間のプロジェクト体制図

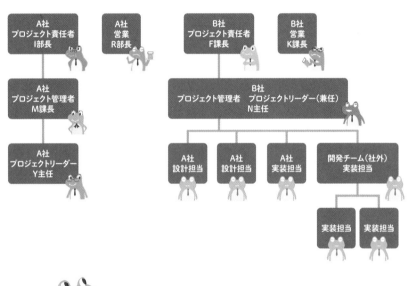

**A社とB社の体制は
こうなっている**

　B社の体制図の右下に表記されている3名は、B社のパートナーであるC社の要員です。業務委託契約において、開発の一部を外注することが認められている場合は、役割と人数がわかるように表記します。この場合、契約において特別な定めがない限り、具体的な会社名を表記する必要はありません。B社が外注先としてC社を選ぶのはあくまでもB社の裁量であり、A社から指定されたわけではないからです。もし受注のための提案段階でB社の体制図に外注先を明記してしまうと、実際に実装要員を調達しなければならない時期が来たときにC社からの調達が難しい事情が生じた場合に、別の会社から

調達した要員をプロジェクトにアサインできなくなる可能性があります（AB社間の契約に違反することになる）。

　また、図の右半分はB社が作成してA社へ提示したものであり、A社から見てB社側がどのような体制なのかを示した図になっていることと、図の左半分はB社から見たA社の体制を表した図であることに注意してください。

　実際にA社がユーザー（●●製薬）へ提示した体制図は次のような形です。

A社がユーザーへ提示したプロジェクト体制図

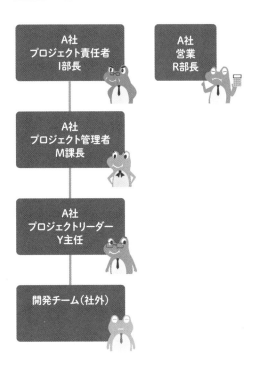

B社の部分が
大雑把だね

　A社はB社に外注することが確定していない段階でユーザーへ体制図を提示しているので、このような表記になっています。

プロジェクトの利害関係者（ステークホルダー）

発注側と受注側それぞれの利害関係者について、プロジェクトにおける役割と責任の違いはどうなっているの？

今から見ていくよ。もしもあなたが発注側の担当者ならY主任を、受注側の担当者ならN主任を自分に重ねてみよう

● A社の主な利害関係者

● プロジェクト責任者（システム推進部／I部長）
　直接開発には関与しませんが、社内では経営に関わる判断を下す権限を持ち、プロジェクトの最終責任を負います。プロジェクト管理者が兼任することもあります。

● プロジェクト管理者（システム推進部／M課長）
　プロジェクトの進捗や予算の管理、要員調達、開発メンバーの業務負担の調整など、プロジェクトの遂行に責任を負います。自社の経営層やユーザー、社外の開発チームなどプロジェクトの利害関係者が良好な協力関係を築けるように調整することもプロジェクト管理者の役目です。

● プロジェクトリーダー（システム推進部／Y主任）
　プロジェクト管理者が策定したスケジュールどおりにプロジェクトを実行することに責任を負います。開発メンバーの能力が最大限に発揮できるように進捗管理や作業分担を行い、業務の進め方に困っていればサポートを行うこともプロジェクトリーダーの役目です。

● B社の主な利害関係者

● プロジェクト責任者（システム開発部／F課長）
　B社内での立場と役割はA社のプロジェクト責任者と同じですが、発注側（A社）のほうが発言力も影響力も大きい場合が多いため、理路整然と話しができて責任感のある人が担当しなければ、この人の言動ひとつでプロジェクトが赤字になることもあります。

●プロジェクト管理者／プロジェクトリーダー（システム開発部／N主任）

　B社内での立場と役割はA社のプロジェクト管理者・プロジェクトリーダーと同じですが、A社はユーザーからの要望をしっかり吟味することなくB社に丸投げしたり、B社が確保しているスケジュール上のバッファ（開発途中に発生する予期せぬリスクに対処するための余剰工数）を使って多くの対応を要望することもあり、受注側であるB社は何かと厳しい立場に置かれます。

　受注側のプロジェクト管理者・リーダーは、**発注側からの圧力に屈することなく、プロジェクトの遂行を妨げるさまざまなノイズを適切に対処する実務能力が求められます**。

●営業担当者（営業部／K課長）

　プロジェクト管理者・リーダーが作成した費用見積を元にA社と交渉して受注を獲得し、自社の業績に貢献することが主な役目です。開発メンバーを調達するためにパートナー会社を開拓し、価格交渉を行うことも営業担当者の役目です。

　営業担当者はシステム開発に関する技術的な知識を有していないため、受注優先で安価な見積を提案してしまうとプロジェクト管理者・リーダーは非常に苦しいプロジェクト運営を強いられます。味方が敵にならないよう、プロジェクト管理者・リーダーと良好な関係を築いておくことが重要です。

02 工程① 要求定義・要件定義で失敗しないためには？

A社のような立場（二次請け）で要件定義を行うとき、どんなことに気をつけたらいいの？

元請けとのパワーバランスや利害関係に振り回されてプロジェクトが道を踏み外さないように、重要な意思決定が正しいプロセスで行われるようにコントロールすることが大事だよ

多重下請け構造のリスクとは？

　当プロジェクトは元請け、A社（二次請け）、B社（三次請け）、C社（四次請け）の4社が開発に関わっています。典型的な多重下請け構造です。近年、自社開発（内製化）の重要性が認識されつつありますが、まだまだ日本のシステム開発においては下請け構造が多いようです。このような多重下請け構造には次のようなリスクがあります。

- 問題が発生したとき責任の所在が曖昧になりやすい
- 要求、仕様、目的に関する認識がずれやすい
- 本来の目的どおりのシステムが完成しにくい
- 再委託の連鎖により末端のパートナー会社ほど利益が少なくなる
- 中間マージンも積み上がるので発注元が支払うコストが大きくなる

　これらのリスクの根本には、外注する側にも責任があるにも関わらず、外注費との差額（マージン）を最大化するためには外注先に（作業だけでなく責任も）**丸投げしたほうが得だという誤った考え方**があります。誰も口に出しては言いませんが、営利企業とはそういうものです。会社に所属する個人の良識とは関係なく、企業というひとつの人格のようなものが営利優先の発想

を生み出す源（みなもと）になっています。外注することが悪だとは言いませんが、ユーザーが求めるシステムを開発するという目的においては、上記のようなリスクをカバーできるほどのメリットは見当たりません。

　このような状況下でA社は要件定義を行い、開発（設計・実装）をB社へ業務委託しました。その結果、次のような問題が起きました。

Y主任

B社に開発を依頼したのですが、テストした結果、要件と仕様が食い違っている点が多く、作り直しが必要です。B社はうち（A社）が提示した要件定義書が曖昧だったことが原因だと主張していますが、要件定義書はユーザーが承認・合意済みですから、これはB社の設計ミスになるでしょうか？

M課長

外注先にB社を選定したうちにも責任はあるけど、B社もプロの開発会社なんだから、要件を正しく読み取って正しいものを作る責任があるんじゃない？　うちはそれを期待してB社に外注費を払ってるわけなんだから

Y主任

そうですよね。わかりました。B社に作り直すように言います

　よくある問題ですが、問題になった部分を開発したのはB社の外注先であるC社だったため、このあとB社とC社の間でもどちらが責任を負うべきかトラブルが発生しました。あなたはどちらの責任だと思いますか？

　本来、**要件定義書に限らず開発関連の文書はすべて、誰が見ても同じように読み取れる（理解できる）ように記述できているかどうかをレビューしたうえでユーザーの承認を得て合意を得ておかなければなりません**。開発作業を外注する場合はなおさらです。
　ところが、要件定義に参加したA社のPL（Y主任）は、自社が開発するの

ではないことを理由に、打ち合わせで直接会話を重ねているユーザーと自分との間でしか伝わらない表現を使って要件定義書を作成してしまいました。そのため、要件定義に参加していないB社はA社から提供された要件定義書の記述を見ても「言葉の意味はわかるが、その背景にあるユーザーの事情」までは理解が及ばず、要件定義書の文面から読み取れる範囲で設計を行いました。その結果、B社が行った設計はユーザーが本当に求めていた仕様とかけ離れてしまったのです。

さて、これはY主任だけの責任といえるでしょうか？　要件定義に限らずすべての工程は、作成した成果物（要件定義であれば要件定義書）に対して間違いがないかどうかをレビューし、必ず発注側やユーザーの承認を経て完了と判断しなければなりません。A社はそれを怠りました。自社の担当である要件定義を少しでも早く完了させて開発作業を外注し、システムの完成を早めることがユーザーの信頼獲得につながり、自社の利益率を高めることになると考えたのです。

A社の成果物を承認するのは、システム開発に関する専門的な知識を持っていないユーザー（●●製薬）なので、開発チームにとって必要な情報が書かれていなくても、ユーザーの要件が盛り込まれていることさえ読み取れれば、そのまま承認されてしまいます。もちろんA社のPM（M課長）も要件定義に関わり、自社内でのレビューを行いましたが、「ユーザーが承認しさえすれば要件定義を完了できる（自社の責任が果たせる）」という考えが心のどこかにあったのでしょう。

Point!

元請け企業は上位の会社による中間マージンが発生せず、相見積もり（124ページ）などで下請け企業に委託するコストを抑えることができれば、より利益率を高めることができるメリットがあります。しかし、下請け企業が原因でトラブルが発生した場合にユーザー企業から責任を問われるのは元請け企業です。下請け企業に発注する際は、自社が担当する工程に責任を持つことはもちろん、発注する工程についても自社に一定の責任があることを理解しておかなければなりません。たとえば設計・実装工程を発注した場合、下請け企業に提示する要件定義書の精度が低ければ、完成したシステムの品質も低くなります。もちろん設計・実装のミスは下請け企業に責任がありますが、原因の発端は元請け企業が作成した要件定義書の品質にあるという見方もできます。

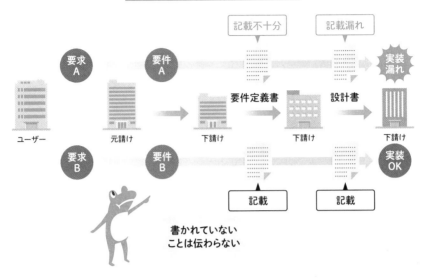

ユーザーの本当の目的が伝わらない

書かれていない
ことは伝わらない

　M課長のセリフからも、外注先への責任転嫁が見られます。**B社に開発を依頼するからには、A社にはB社に要件を正しく伝える責任があります**。しかしM課長は自社の責任には言及せず、B社にお金を払っていることを理由にB社に責任があるのではないかと主張しています。これは論点のすり替えです。野球の試合にたとえると、監督の采配で試合に勝てなかったのに、負けた責任が選手にあると主張するようなものです。

　なぜPLよりも経験豊富なPMが、そのような当たり前のことに気づけなかったのでしょうか？　これは、PMがプロジェクトの実施責任よりも重い達成責任を負っていることと、達成のために外注という手段を選んだからには何としても外注先に開発責任を果たしてもらわなくては困る、という心理的バイアスがかかることに原因があります。

　このような場合、A社にもB社にも落ち度があることを認め合ったうえで、対応方法を検討するのが現実的な落としどころです。作り直す費用の一部をA社が負担したり、以後の開発作業においてB社が作成した設計書をA社が必ずレビュー・承認してからB社が実装する流れを順守（これが守られなかった場合は両社で責任を分担）する、といった方法が考えられます。

要件の読み間違いや勘違いが発生する文書は曖昧性が排除できていない(不完全な成果物である)証拠だから、どちらにも一定の責任があるといえるのではないですか？　とPMに尋ねてみては？　それでNoと言えば自らPMとして不適任だと認めるようなものだから、Yesと言うのでは？

Y主任

なるほど。誘導尋問みたいだけれど、立場や力で道理を捻じ曲げる相手に対して筋を通すためには、よい論法かもしれない

B社はA社の成果物(要件定義書)をもとに成果物(設計書・プログラム)を作成するので、A社の成果物の曖昧性はB社の成果物にも反映される、という正論をぶつけるのもありだね。上司の説得は難しいのでうまくいかないこともあるけれど、少なくともPLとして言うべきことは言おう

そうだね。上司のことは反面教師にします

Y主任

 ## 要求と要件はどう違う？

　ユーザーの要望（期待・願望）とシステムの要件の違いは93ページで少し触れましたが、プロジェクトによっては要件と同じ意味で要求という言葉を使ったり、要件とは違う意味で要求という言葉を使うことがあります。

　要求とは、システムを利用することでユーザーが叶えたいと思っている結果のことを指します。たとえば「システムを利用することで毎日の事務処理にかかる時間を1/3以下にしたい」というのが要求です。そして、この要求を叶えるために「システムに請求書の自動発行機能が備わっていること」というのが要件です。**要件を満たしたシステムを完成させれば、ユーザーの要求**

が実現できる、ということをユーザーとベンダーがお互いに確認して合意することに要件定義の意義があります。

Y主任

ユーザーとは毎週打ち合わせをしていますが、まだ要求仕様書を受領していません。催促したほうがよいですか？それとも打ち合わせの議事録をもとに要件定義を開始してよいでしょうか？

M課長

要求仕様書が先。何を求められているのかもわからないままシステムの機能を決められるはずがないでしょう？君が今すべきことは、いつ要求仕様書を提示していただけるかをユーザーに確認することじゃないの？

　Y主任の言うように、打ち合わせや会議の議事録を見れば、ユーザーの声（要望も要求も含めて）がある程度は汲み取れるでしょうから、要件定義を開始できそうに思えます。しかし、**ユーザーが要求を整理できていないうちに要件定義に進むと、ユーザーは要求とシステムの関係が理解できず、システムが要求を実現してくれるのかどうかを判断することができません**。まだユーザーの社内で意見も統一できていない段階でシステムの要件を決めようとするのは早すぎます。

 ## 経営層への説明に欠かせないポイントとは？

　ベンダーはシステムのあるべき姿やプロジェクトの健全化に興味関心を持ちますが、ユーザーの経営層の興味関心は別のところにあります。経営層の目的はシステムを完成させることではなく、システムを導入することによって業務が効率化され事業が拡大することや、時代に遅れずにITを有効活用していける企業に育てること、などといった将来のビジョンを描いています。システム開発はそこにたどり着くための手段のひとつと考えています。そのため、経営層はシステムの要件がどうあるべきかを問われても、ビジョンとの関係がわからないと答えることができない場合が多いです。

　次の会話は、ユーザーとの定例会議にPM代理として出席したY主任（PL）が、後日M課長（PM）に相談した内容です。

Y主任

先日の会議で、要求仕様書に重大な漏れがあったためすぐに要求仕様書を修正して送るとユーザーが言っていたのですが、社内の役員会議でなかなか承認が下りないので、いつ送れるかわからないそうです

M課長

ユーザーの経営ビジョンに要求内容がどのように関係するのかを経営層にうまく説明できていないのでしょう。いつまでなら待てるか期限は伝えておくようにね

Y主任

わかりました

M課長

もし君がユーザーの立場なら、どうやって経営層に説明する？

Y主任が考えた説明は次のとおりです。

当社は4月と10月に組織変更があるので、システムを利用する利用者データの所属情報を速やかに更新する必要があります。多いときは数百名のデータを更新しなければならないので、前もって用意した移動後の利用者データをシステムが自動的に読み込んで、組織変更前日の深夜に自動的に更新するようにしておかなければ翌朝に間に合いません。この機能を、「組織変更に伴うデータ自動更新機能」として要求仕様書に追加します。

M課長

それはシステム導入後の業務において必要な理由であって、ユーザーの事業にとってどのような意味があるのかは説明できていないね

Y主任

仰る通りですね。では少し論点を変えてみます

当社が現在のペースで成長すると10年後には従業員数●●名規模になり、部署・部門の細分化や再編成も進みます。社内の人事も刷新され、流動性が高くなることが予想されます。現在、期首期末の人事異動・組織変更に関する変更作業をシステム推進部が手作業で行っていますが、人事データの間違いなど人為的ミスの対応にシステム推進部は毎度のように時間外労働を強いられていると聞いています。今回開発するシステムに、その手作業を自動化する機能を追加しておけば、期首期末に発生している経営資源の無駄を●％省くことができるので、その分、会社全体としての生産性が向上します。

M課長

会社全体を見る視点が加わったね。生産性の向上が見込める根拠として、経営資源の削減を定量的に示したのは説得力が増す良いアイデアね

 Point!

経営層がシステム導入に期待するのは会社全体としての生産性の向上です。システムによる業務効率の改善は経営層にとって手段のひとつであり目的ではありません。

予算の妥当性を確認するには？

　要件定義を終えたA社は、設計と実装を外注するにあたって、どのくらいの外注費を見込んでおくべきかをプロジェクト責任者のI部長とPMのM課長で話し合いました。

I部長

外注費は●●万円以内に収めたい。発注先に心当たりはないだろうか？　なければうちの関連会社のS社に話を持っていくことになるが

M課長

うちの営業がB社と何度か取引したことがあると言っていますが、詳しく聞いておきましょうか？

I部長

私はB社を知らないなぁ。一応、あいみつとっておいてくれる？

M課長

わかりました

　あいみつ（相見積もり）とは、複数社の見積を比較して発注先を決定する方法です。見積を依頼する際は相手側の担当者と打ち合わせを行い、システム開発の目的や導入後のビジョン（ユーザーがどのような将来を思い描き期待しているか）、見積の条件（再委託の諾否など）を伝えます。これらの情報を正しく理解して見積に反映できる会社は信頼できます。逆に、開発側の都合を優先した前提条件ばかりが目立ったり、打ち合わせで伝えた情報が反映されていない見積を作成する会社は避けたほうがよいでしょう。

　システム開発の見積は会社によって金額の差が大きく、比較しなければ金額の妥当性がわかりません。他社よりも大幅に金額が低い場合は重大なリスクを見逃している（だから安い）可能性がありますし、金額が高すぎる場合は経験豊富な開発メンバーが少なかったり、根拠のないリスク（ただの不安）で金額を押し上げている可能性があります。そういった見積を排除して残った数社を比較して、**金額の根拠となる前提条件や工数（何にどのくらいの工数が必要と言っているのか）と金額が釣り合っている会社を選び抜くこと**が、発注後のリスクを軽減することにつながります。

Point!

相見積もりは、安い外注先を選ぶだけが目的ではありません。相手の話を正しく汲み取るヒアリング能力と、金額の根拠を説明できる（信頼できる）会社かどうかを見極めることにこそ意義があります。

チェックリストの確認

　106ページのチェックリストの中で、A社がチェックすべきだったのは★マークの項目でした。見積以降の項目は、開発の委託先とプロジェクト体制が確定してからチェックする項目です。

チェックすべき項目

チェック項目	文書化	合意
希望するシステムの目的、達成目標、要件、予算が明確か？	★	★
プロジェクトの目標がユーザーの課題解決方針と一致しているか？	★	★
プロジェクトの前提条件が明確か？	★	★
システム導入前の業務フロー図に現行業務の流れと課題が記載できているか？	★	★
システム導入後の業務フロー図に新しい業務の流れが記載できているか？	★	★
システムの機能要件と非機能要件が明確か？	★	★
要件定義書の記載内容を実現すればユーザーの課題が解決するか？	★	★
要件定義書の記載内容が技術的に実現可能か？	★	★
開発の作業範囲と工程別の成果物が明確か？	★	★
プロジェクトの完了条件が明確か？	★	★
⋮	⋮	⋮

工程②
費用見積・要員計画・スケジュールで失敗しないためには？

工数見積をもとに要員計画を立てたのに残業が発生するのはなぜ？

見積の精度が低かったり、開発以外の工数が計画に反映されていないことも原因のひとつだ。具体的な事例と対処方法をみていこう

見積精度のカギは機能の細分化にある

　A社から見積依頼を受けたB社の営業（K課長）は、PM/PL（N主任）が作成した工数見積をもとに費用見積を作成し、プロジェクト責任者（F課長）とレビューを行いました。

K課長

工数の妥当性がわからないから見て欲しい。なんとなく不安で

F課長

確かに、A社の要件定義書をなぞって積み上げただけに見える

K課長

当社側のリスクが考慮されていないように思えるんだが

F課長

管理工数とバッファが無い。機能が細分化できていないから、A社に工数の説明を求められたら答えられない

N主任が作成した工数見積の一部

	設計	PG/UT	小計（人日）
調査票入力	3.0	5.0	8.0
調査票承認	2.0	3.0	5.0

　N主任は、すべての機能を漏れなく工数見積に反映するために、要件定義書の機能一覧に記載されている機能ごとに行を分けて工数見積を作成しました。その意味では機能漏れはしていないのですが、機能が細分化できていません。

　たとえば「調査票入力」は機能の名前ではありますが、画面遷移図では「①調査票入力画面→②調査票入力確認画面→③調査票入力完了画面」の３つに分かれており、ユーザーは①②③の順番に操作をします。また、①②③のうち最も工数がかかるのは①です。①の画面には、新規データを登録する機能だけでなく訂正機能や削除機能も必要だからです。

①②③に必要な機能

| ①入力画面 | ②確認画面 | ③完了画面 |

登録機能	①の入力内容を	処理の完了を
訂正機能	表示する機能	通知する機能
削除機能		

①が一番工数かかりそう

N主任はF課長から指摘を受けて工数見積をやり直しました。各工程の成果物は有識者によるレビューを受けなければ品質を担保したことにならないというアドバイスもあったため、設計書のレビュー工数を追加しました。

工数見積（修正後）

調査票入力	設計	レビュー	PG/UT	小計（人日）
登録機能	1.5	0.5	4.0	6.0
訂正機能	0.5	0.5	2.0	3.0
削除機能	0.5	0.5	1.0	2.0
確認画面	0.5	0.5	1.0	2.0
完了画面	0.5	0.5	1.0	2.0
調査票承認	設計	レビュー	PG/UT	小計（人日）
承認機能	1.0	0.5	2.5	4.0
差戻機能	0.5	0.5	1.0	2.0
確認画面	0.5	0.5	1.0	2.0
完了画面	0.5	0.5	1.0	2.0

———— 中略 ————

プロジェクト管理	40.0 （2人月）
《合計》	400.0 （20人月）

　修正前と比べると、調査票入力は8.0人日→15.0人日、調査票承認は5.0人日→10.0人日に増加しました。恐ろしいことに、半分程度の工数で見積もっていたことになります！

　機能を細分化するほど工数が増加するのは当然ですが、**細分化は見積金額を上げるために行うのではなく、根拠に基づく正しい工数と金額を発注側に提示するために行う**のです。工数が勝手に増加したのではなく、本当に必要な工数が足りていなかったことの証明なのです。
　もしも修正前の工数見積をもとにした費用見積をA社に提示すれば、仮にA社のPLが「大雑把な見積だな。本当にこの工数でできるのか？（自分なら不安になる）」と感じたとしても、A社のPMは「B社がこの金額でできると言っているのだから、後で工数が足りなくなってもB社の責任で増員でも残業でもさせればいい（当社の責任ではない）。」と考えて見積を承認するでしょう。その時点でB社は赤字が確定、プロジェクト失敗です。

就業時間の全部を開発に割り当てていないか？

　B社は、見積と一緒に開発スケジュールと要員計画を提出するために、準備を始めました。A社の発注条件は請負契約なので、B社は主に実装とテストを行う要員をパートナー会社（C社）から調達する方針です。受注が決まったら早めに要員を確保する必要があるため、N主任は営業のK課長に相談しました。

N主任

開発要員の調達をお願いしたいです

K課長

単刀直入に聞くけど、何月から何月まで合計何人月必要？

N主任

8月1人、9月3人、10月3人、11月2人、12月1人です

K課長

最初の1人は12月末まで続投するとして人数は3名で合ってる？

N主任

はい。9〜11月は開発の繁忙期なので人数が増減する可能性がありますが、合計は10人月で変わりません

K課長

了解。C社から技術者のスキルシートが届いたら連絡するので、面談の際は同席よろしく

N主任

わかりました

N主任は工数の山積みをもとに、各月に何名必要かを算定しました。図の
A,B,Cが外注要員3名の稼働期間を表しています。

外注要員計画（B社内用）

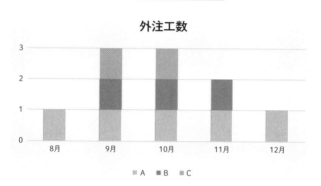

外注工数

■ A　■ B　■ C

外注要員は人月単位で計画する

実際の見積工数は図のように都合よく1人月単位になるとは限りません。
きちんとタスクを細分化して積み上げると、0.5人月や1.5人月のように端数
が出ます。しかし、0.5人月（10日間）だけ要員を発注することはできないの
で、開発チーム用の詳細スケジュールでは作業タスクをメンバー間で調整し
て非稼働が生じないようにします。

N主任はA社に提示するマスタスケジュールを次のように作成しました。6
～8月はB社のメンバーで設計を行い、9～12月は（外注要員で）実装を行
う計画です。システムテスト以降はA社が行うので、B社は結合テストまで
行う想定です。

マスタスケジュール

	6月	7月	8月	9月	10月	11月	12月
基本設計	■						
外部設計		■					
詳細設計／内部設計			■				
プログラミング／単体テスト				■	■		
結合テスト						■	■

提示用の
スケジュールだよ

　マスタスケジュールはB社内の要員計画とも一致していますし、詳細な工数見積があるので、外注要員のスキルが極端に低くない限り失敗しないだろうと見込んで開発がスタートしました。

　ところが…

最近メンバーの稼働が高いね。原因は分析できている？

N主任

スケジュールは遅れていないけど全体的に残業が増えているんだ

君も含めて1日の就業時間をすべて開発作業に振っていないかい？

N主任

あっ…確かに。メンバーが1日8時間、開発作業に従事する計算でスケジュールを組んでしまった

C社のメンバーにも自社の行事や有休休暇、その他の社用があるよね？

　A社がB社に発注した金額には純粋な開発費用しか含まれていません。しかし、B社も（再委託先のC社も）会社である以上は社用が必ずあります。

- 月末の勤怠処理（勤怠表の記入、提出などの事務作業）
- その他の社用（帰社日、会議など）
- 休暇（有給休暇、その他会社が定めた休暇）

　また、当プロジェクトでは開発期間中だけ開発メンバーがA社のシステム推進部に常駐する（作業場所を借りる）契約となっているので、開発用のPCなどの機器を社外から持ち込むための手続きが必要です。A社では次のように持ち込み手続きが定められています。B社もC社も、この手続きに従って開発環境を設定する時間が必要です。

- 持ち込み予定のPCを初期化し、OSを再インストールする
- 開発に必要なソフトウェアをインストールする
- 全ドライブのセキュリティスキャンを実施する
- 所定の持ち込み申請書に記入して管理部門の承認を得る

　このような付帯作業や社用は、発注側に提示する見積根拠（詳細化した工数見積など）に正直に「付帯作業」「社用」などと記載するべきではありません。社用は開発作業の費用とは関係ありませんし、付帯作業は具体的に何を想定しているのか説明が難しいからです。

　当プロジェクトの場合、A社に開発PCを持ち込んで開発を行うことを申し入れたのはB社でした。そのため、B社の都合で発生する付帯作業をA社が支払うような見積は認められません。このような場合、付帯作業や社用を含めた全工数をカバーできる要員計画をすることが重要です。

　先ほどのマスタスケジュールに、付帯作業と社用にかかる時間を加算すると、現在の要員計画では12月末までに結合テストが終わらないことがわかります。

マスタスケジュール

	6月	7月	8月	9月	10月	11月	12月
基本設計	■						
外部設計		■					
詳細設計／内部設計			■	■			
プログラミング／単体テスト				■	■	■	
結合テスト						■	■

お盆休みや年末年始
休暇は考慮できてる？

　このまま要員計画を見直さずにマスタスケジュールに沿ってプロジェクトを進行すると時間外労働が発生します。要員不足は明らかですが、マスタスケジュールは提示済みなので1名増員して開発メンバー全員の稼働率を抑えるか、1人月分の時間外労働が発生することを認めて増員せずに進めていくか、B社は選択しなければなりません。

　当プロジェクトのように半年の開発期間内で1人月程度の不足であれば時間外労働で済ますことが多いですが、不足の度合いが深刻な場合は増員を検討しましょう。

> Point!
> ● 会社員は1日8時間すべて開発作業に充てられるとは限らない
> ● 開発作業以外の時間も考慮してスケジュールを立てる

　結局B社は、社内の新人1名をプログラミング要員として10月に追加投入する計画に変更しました（マスタスケジュールは変更なし）。そして、請負った工程について成果物やレビュー方法をA社との間で取り決めて合意し、開発をスタートしました。

 ## チェックリストの確認

　106ページのチェックリストの中で、開発をスタートする前にチェックすべき項目に★マークをつけました。

チェックすべき項目

チェック項目	文書化	合意
⋮	⋮	⋮
見積根拠（工数の根拠）が明確か？	★	★
実作業の工数だけでなく管理工数も含まれているか？	★	★
見積の前提条件が明確か？	★	★
全てのステークホルダーの名称と役割が体制図に記載されているか？	★	★
予算と仕様に責任と権限を持つステークホルダーと意思疎通できているか？	★	★
採用する開発プロセスについて合意できているか？	★	★
開発メンバーの役割と責任範囲が明確か？	★	★
リスクを考慮したスケジュールになっているか？	★	★
スケジュールが遅延した場合の対策についてユーザーと合意できているか？	★	★
⋮	⋮	⋮
⋮	⋮	⋮
要望の扱いについてあらかじめ定めた手順に沿って対応しているか？	★	★
成果物の量と質についての目標値を定量的に定めているか？	★	★
成果物のレビュー（確認）は誰がどのように行うか定めているか？	★	★
不具合発生時の対応ルールを定めているか？	★	★

工程③
開発（設計・製造・テスト）で 失敗しないためには？

仕様変更に該当しなければ開発側に要望を伝えてもいいよね？

仕様変更かどうかの判断基準の曖昧さがトラブルの原因になることが多い。具体的な事例と対処方法をみていこう

「仕様変更ではない」は常套句？

　B社には知らせていなかったのですが、実はA社がB社に発注したシステムは完成後にA社がパッケージ化して●●製薬だけでなく他の製薬メーカーにも販売する計画があり、すでにA社では拡販営業が進行中でした。次の会話はA社営業（R部長）とプロジェクト責任者（I部長）の会話です。

I部長

Z製薬とE製薬の感触はどうだった？　このシステム導入できそう？

R部長

おおむね好評で、前向きに導入を検討するとのこと。ただ、●●製薬とは運用が異なる点があり、メーカーごとにシステムの仕様変更が必要かもしれません

I部長

現在開発中の●●製薬向けシステムの設定変更で、他メーカーの運用に合った動作をするようにできないか、開発チームに検討させよう

パッケージ化すれば、販売先（製薬メーカー）ごとにシステムを開発する必要がなく、2社目以降のメーカーにはスムーズにシステムを導入でき、保守サポート契約を獲得すれば、A社としては大きな収益源となります。

　そのため、システム推進部のI部長は、メーカーごとの運用の違いをパッケージの標準機能として吸収できるような工夫を開発チームに求めたのです。

A社が希望するイメージ

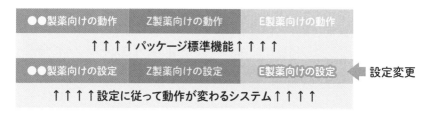

設定を切り替えるだけで
各社向けの動作になる

　I部長から検討を指示されたPL（Y主任）は悩みました。B社とは、開発中の要望の取り扱いについて文書で定めて合意しているからです。合意の内容は要約すると次のとおりです。

> 要件定義終了後に仕様変更を必要とする要望が生じた場合、開発スケジュールに遅延が生じない範囲において、A社とB社が協議して対応の可否を決定することとする。

　Y主任は本件が仕様変更に該当すると認識しており、毎週実施しているB社とのプロジェクト会議において開発スケジュールに余裕がないことも知っています。Y主任はPLの責任として、I部長に対応が難しい旨を伝えました。

Y主任

部長も会議に参加されているのでご存じと思いますが、B社の開発は当初の計画以上でも以下でもなく、先ほど検討をご指示いただいた仕様変更を受け入れる余力がありません

パッケージ化の計画があることは君も知っているだろう。
できない理由ではなく、できる方法を考えて欲しい

I部長

しかし、仕様変更はスケジュールが遅延しない範囲で対
応するという約束になっています

Y主任

B社の設計作業はもう終わってるの？

I部長

いえ、ちょうど該当機能の設計途中だそうです

Y主任

じゃあ汎用性を考慮した設計にして欲しいと伝えなさい

I部長

　B社は請負契約ですが、開発の進捗状況はA社と共有しているので、A社
はB社の仕事が完了するのを待たずにいつでも要望を伝える機会があります。
後日A社はプロジェクト会議でB社に次のように要望しました。

> この機能について、●●製薬向けのシステムとしては発注時に説明させていただ
> いたとおりの要件から変更はないが、将来、運用が少し変わってもプログラムを
> 変更しなくても済むように、A,B,Cの3パターンの動作ができるように配慮した
> 設計にして欲しい。ただし、納品時の設定はAパターンでよい。

　A社の主張のポイントは「●●製薬向けのシステムとしては当初の要件か
ら何も変っていないのだから、これは仕様変更には該当しない。」という点で
す。仕様変更ではないという論法は、よく使われる常套句です。

　これに対してB社は、次のように返答しました。

将来の運用変更に対応できる汎用性をシステムに備えるためには、3パターンの動作仕様を設計書とプログラムに反映しなければならず、設計から結合テストまでの工数が増加する。これは追加要件であり、本来の開発範囲を越えているため、追加費用や納期延長が必要。

　B社の主張のポイントは「要件定義書には将来の運用変更にも対応できるシステムを開発するとは書かれていないため、本件要望は仕様変更に該当する。」という点です。

　両社の主張は仕様変更に該当するかどうかという点で真っ向から対立しました。最終的に、工数が大きく増加してスケジュールに影響が出ることからA社は要望を取り下げましたが、その後もパッケージ化を見据えた小さな要望が繰り返され、ひとつひとつの要望は工数が大きく増えない内容だったことからB社は工数を理由に断ることが難しくなり、いくつかの要望を受け入れました。
　その結果、B社はスケジュールどおりに開発を進めても常にあらたな要望対応のために残業が発生する状況となりました。A社が要望を小出しにするようになったのは、B社がスケジュールどおりに開発できていることを見越した上での戦略だったのです。

　後日、B社のPM/PL（N主任）はプロジェクト責任者のF課長と反省会を行いました。

N主任

要望対応の条件は文書化してA社と合意していたのですが、A社が合意を自社にとって都合よく解釈して強行したように感じています

F課長

条件の記載に2つ問題があるね。1つは仕様変更の定義が曖昧だということ。もう1つは開発スケジュールに遅延が生じなければ対応するという条件になっている点だ

● 仕様変更の定義を両社で共有しよう

　結論から言うと、本件は仕様変更に該当します。理由は、要件定義で決定した挙動と異なる挙動にも対応させることをシステムに求める要望だからです。要望が拡大すると、当然、設計の変更が必要です。A社はこれを「配慮」と表現してB社に断りにくい心理的圧力をかけましたが、当初の要件であれば不要だった仕様を設計書に記載しなければならないということは、システムとしては仕様変更に該当します。●●製薬向けの設定が当初の要件から変らないからといって、仕様変更ではないという理由にはなりません。

Point!
- 要件や仕様は言葉ではどのようにも解釈を変えることができる
- 要件定義書や設計書の修正を必要とする要望はすべて仕様変更に該当する

　136ページの合意内容は、次のように修正することが望ましいです。

仕様変更とは、性能の向上や利便性の改善、法規適合化などのために、部品や部位の仕様を変更することを指す。承認された要件定義書に記載された要件の変更・削除、および、記載されていない要件の追加はすべて仕様変更として扱う。開発中の仕様変更は、開発スケジュールに遅延が生じない範囲において、両社協議のうえ対応の可否を決定することとする。

要望を可視化しよう

　また、開発中／リリース後に関わらず、要望は一覧化して対応状況を可視化し、共有することが重要です。一覧表には、責任の所在や要望の経緯をトレース（後から調べてたどること）できるように、「誰が要望したのか」「仕様変更に該当するのか」「対応するのかしないのか」「どのくらい重要な要望なのか」「システムへの影響度はどのくらいなのか」といった項目を記載します。

要望一覧表の例

受付日	起案者	区分	内容	重要度	システムへの影響	対応状況
xx/xx	●●●	要望	・・・・・	高	（調査中）	影響調査中
xx/xx	●●●	仕様変更	・・・・・	中	小	対応中
xx/xx	■■■	仕様変更	・・・・・	低	大	対応済

ほとんどの要望はユーザーから出てきますが、ユーザーはベンダーのリソース状況を把握しているとは限らないので、要望済みの内容なのか、いま追加の要望をしてよいのかどうか、といった判断ができません。一覧化して重要度や対応状況を共有することによって、ユーザーは要望の重要度やシステムへの影響範囲をもとに優先順を検討することができ、ベンダーは要望の対応件数や工数を追加料金を請求する際の根拠とすることができます。

仕様変更のルールを定めよう

　仕様変更は、開発終了後に行うのが理想です。仕様変更は、ユーザーが想像するよりもシステムへの影響範囲が広い場合が多く、影響調査の結果によっては、開発済みの機能にも広く影響し、再度テストを実施しなければならないなど、当初計画していたスケジュールを大きく圧迫する要因になるからです。まずは計画どおりに開発を完了して、開発費用を精算してもらってから仕様変更に応じたいというのがベンダーの立場です。

　しかし、仕様変更のタイミングが遅くなればなるほど（特にウォーターフォールで開発している場合）戻る工程が大きくなり、開発全体の工数が増えるので、当初計画していた費用とスケジュールの範囲内に収めにくくなることも事実です。そのことがわかっているので、ユーザーは開発中であっても仕様変更を要望します。どのみち必要な変更ならば、要望だけでも早めに伝えておいたほうがよいと考えるからです。

　このように、仕様変更のタイミングはユーザーとベンダーとで考え方が異なります。そこで、先ほどの要望一覧を使って、要望が発生した時点で内容を記録し、システムへの影響度合いを設計やプログラムの観点から調査します。そして、調査の結果を踏まえて、対応可能な要望について優先度を決定します。この決定はユーザーの要望の強さや、業務上の重要性に基づいて行います。次に、ベンダーのリソース状況に照らして対応可能かどうかを判断します。対応可能な場合は、開発スケジュールを修正します。もしここで残業が発生するスケジュールになるようであれば、その要望は（今は）対応できないと判断しなければなりません。あくまでも開発スケジュールにバッファ（余力）がある場合のみ対応します。**余力がないのに対応する場合は時間外労働が発生するため追加料金となることを最低限の条件**とします。このようにして両社の利害が一致した要望を対応することとし、一致しない要望は優先度を下げたり対応状況を「保留」として、対応中の要望が片付いてから再度検

討することとします。

　この手順を文書化し、双方のプロジェクト管理者による承認をもって要望対応時のルール（会社間の約束ごと）とします。なお、要望対応ルールの策定は開発が始まる前か、始まった直後に行うべきです。開発途中で行うと、ユーザーには「ベンダーが自社のリスクを回避するために、"後出しじゃんけん"をしてきた」ように見えます。ベンダーにとっても「リリース後の保守もお願いしたいと思える（良い）発注先」と見てもらえないデメリットがあるからです。

> Point!
> ● 仕様変更は要望対応手順書に定めたルールに沿って対応する
> ● 要望対応手順書は両社のプロジェクト管理者が承認することとする
> ● 要望対応手順書は遅くとも開発開始直後までに定めて合意する
> ● 仕様変更はスケジュールに余裕がある場合に限り対応する
> ● 最低限、時間外労働が発生する仕様変更は有償とする

　ごく当たり前のことに思えるかもしれませんが、まだ発生していないリスクに備えるために文書を作成したり承認プロセスを策定することは、非常に難しいものです。作成すべき文書と合意しておくべき事柄を数え上げるときりがないからです。よほど大きなプロジェクトでない限り、そういった「プロジェクト失敗のリスクを回避するために必要な作業」をする重要性は実感しにくいですし、スケジュール調整やレビューなどといった目に見える作業への備えばかりに意識が向きがちになるものです。会社員の場合、目に見える作業もすべて含めて就業時間内に行わなくてはならないので、なおさらです。

　無理に教科書どおりのリスク対策をすべて実施しようと身構える必要はありません。プロジェクトをいくつか経験するうちに、大小さまざまな失敗や苦労をします。その中で、「これをしておけば、失敗や苦労を避けられた」と反省する機会があります。そのときこそ、「次のプロジェクトでは同じ失敗をしないように対策をしておこう」と行動に移せばよいのです。

 **チェックリストの確認**

　106ページのチェックリストの中で、開発段階でチェックすべき項目に★マークをつけました。

チェックすべき項目

チェック項目	文書化	合意
⋮	⋮	⋮
定例会や会議などで定期的にユーザーと課題を共有しているか？	★	★
課題の優先度、対応方法についてユーザーと合意できているか？	★	★
要望の扱いについてあらかじめ定めた手順に沿って対応しているか？	★	★
成果物の量と質についての目標値を定量的に定めているか？	☆	☆
成果物のレビュー（確認）は誰がどのように行うか定めているか？	☆	☆
不具合発生時の対応ルールを定めているか？	☆	☆

　☆マークの項目は開発をスタートする前にチェックすべき項目ですが、もしまだ定めていない場合は最優先で行いましょう。

工程④

05 運用・保守で失敗しないためには？

完成したシステムの保守と他ユーザーへの拡販を両立させたいとき、どんなことに気をつければいいの？

構成管理ルールの徹底と保守チームのリソース調整が重要だ。A社とB社の事例から問題点と対策を考えてみよう

 ## システムの拡販と構成管理の問題

　A社は●●製薬へリリースしたシステムを標準パッケージと位置付け、B社の開発チームをそのまま保守チームとしてA社内に常駐させました。契約形態は請負から準委任へ変更し、保守チームはA社の指揮監督下で標準パッケージの保守と構成管理を担当しています。業務の中心はシステムの障害対応でしたが、A社は他の製薬会社への拡販を開始するにあたって、B社に標準パッケージの機能（以後、標準機能と呼びます）に加えて、各製薬会社向け独自機能の構成管理も担当させることにしました。

　そしてA社は2ユーザー目となるZ製薬へのリリースを目指して、Z製薬の運用に合わせた独自機能の開発をグループ会社のS社へ発注しました。保守チームは構成管理ツールとしてSVN（Subversion）というバージョン管理システムを利用していたため、標準機能のブランチからZ製薬向け独自機能のブランチを分岐させ、S社とSVNを経由したモジュール共有を図ることにしました。

　ところが、S社が誤って標準機能のモジュールにZ製薬向けのプログラム変更を加えてしまい、標準機能のブランチへモジュールを反映しました。保守チームは日頃、A社内で標準機能の障害対応を行っているので、S社が標準機能のブランチへ反映したモジュールを自分たちが障害対応のため変更したモジュールだと勘違いしてしまい、●●製薬向けシステムへ当該モジュールをリリースしてしまいました。

標準機能と独自機能の構成管理

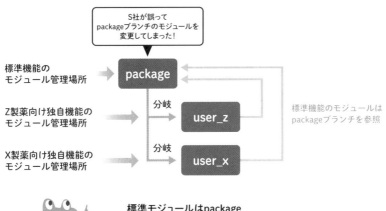

標準モジュールはpackage
ブランチで一元管理する

　その結果、●●製薬向けのシステム（標準機能）の中に、Z製薬向けの仕様が混入してしまい、●●製薬のユーザー部門から「システムの動作が急に変ってしまった。この動作は当社の運用に合っていないのですぐに直して欲しい。」と、A社へシステム障害として連絡が入りました。

　連絡を受けたプロジェクト責任者（I部長）は顔色を変えてPM（M課長）とPL（Y主任）を呼び出しました。

I部長

たった今、●●製薬から障害レベル「高」の障害報告があった。運用が止まっているそうだから、大至急対応する必要がある

M課長

障害票を見ると標準機能に障害が発生しているようだけど、保守チームが何かしたの？

Y主任

標準機能は障害対応のために保守チームが変更を加えることがありますが、この機能に修正すべき障害があったという報告は受けていません

　なぜこのような問題が起きたのでしょうか？　まず、本来の構成管理がどうあるべきかを見てみましょう。S社が開発したZ製薬向けの独自機能というのは、標準機能には存在しない完全な独自機能ではなく、標準機能の動作をZ製薬向けに変更することを指していました。本来ならば、変更の元となる標準機能のモジュールをpackageブランチからuser_zブランチへ「モジュールの名前を変更して」複製し、user_zブランチへ複製されたモジュールに対して変更を加えるべきでした。そうすれば、開発したモジュールはuser_zブランチに反映されるので、誤ってpackageブランチに反映してしまう事故は起きません。

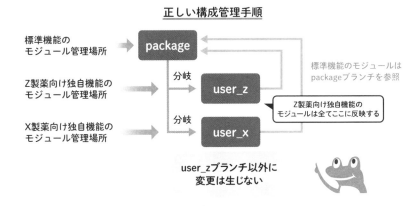

正しい構成管理手順

標準機能の
モジュール管理場所　→　**package**

Z製薬向け独自機能の
モジュール管理場所　→　分岐　**user_z**

X製薬向け独自機能の
モジュール管理場所　→　分岐　**user_x**

標準機能のモジュールは
packageブランチを参照

Z製薬向け独自機能の
モジュールは全てここに反映する

**user_zブランチ以外に
変更は生じない**

　問題の原因は、packageブランチとuser_zブランチの使い分けについて保守チームが想定しているルールがS社に伝わっていなかったことにあります。

●構成管理手順の俗人化が問題

　直接の原因は構成管理手順のミスですが、根本的な原因は構成管理手順が俗人化していたことにあります。保守チーム内でも限られた数名だけが構成管理作業を行ってきたため、これまでは社外の開発チームに手順を共有するための文書を作成する必要がありませんでした。

　また、構成管理を担当している保守チーム（B社メンバー）はA社内に常駐勤務していますが、S社は遠隔地にあるため、保守メンバーとS社の開発メンバーは直接の面識もなく、業務連絡はメールと電話のみでした。さらにいうと、保守チームはA社のプロパー（正社員）ではなく、A社の指揮監督下で業務に従事している立場なので、A社のグループ会社であるS社とのコミュ

ニケーションはＡ社が必要と判断したときだけ行っていたことも一因です。外注先であるＳ社がSVNの扱いに習熟していなかった可能性もありますが、最低限、自社内で行っている構成管理手順を正しく伝える責任は発注側であるＡ社にあります。

　今回の問題について、PLのＹ主任は次のように反省しました。

Ｙ主任

拡販の話はＡ社の内情だからＢ社の保守チームには詳細を伝えなかったし、私自身は構成管理作業をしていないから手順書の作成を保守チームに指示する必要性を感じていなかった

そうだね。自分の目に見えていないこと（知らないことや直接的に関わっていないこと）にこそリスクが潜んでいるからね

Ｙ主任

ファーストユーザー（●●製薬）へのリリースが完了した時点で拡販は視野に入っていたわけだから、Ｓ社へ外注する前に構成管理手順書を作成するべきだった

　しかし、構成管理手順書を作成しておけば問題が回避できたかというと、疑問が残ります。作成した文書は保守チーム内だけで共有するのではなく、社内のファイルサーバーなどにプロジェクトの正式な文書として文書番号などを割り当てたうえで保管し、内容の変更にはレビューと承認を経ることを義務付けなければ実効性のある文書になりません。構成管理作業に関わる特定の人しか保管場所も知らないような文書は、俗人化したままです。問題が起きたとき、責任の所在や原因の特定に役立てることができません。

Point!
● 拡販のため社外に開発を発注するときは、構成管理手順書を作成する
● 構成管理手順書をプロジェクトの正式な文書として位置付ける

システムの複雑化と品質改善

　システムの拡販によって利益を上げたいA社と、システムの導入を検討するユーザーとの間には、利益相反要因があります。A社は完成したシステムをなるべく変更せずにリリースできたほうが、ユーザー独自機能の保守作業を減らせるため、高い利益率が見込めます。一方、ユーザーは自社の運用に合わせてシステムの機能を標準化（標準の機能に組み込むこと）してもらえたほうが、開発費用を抑えることができます。

　拡販を続けるA社は、X製薬へのプレゼンにて標準機能には存在しない独自のニーズを標準化して欲しいと要望されました。以下はプレゼンの場で業務フロー図を見ながらA社営業（R部長）とX製薬の担当者が会話した内容です。

X製薬
当社の業務では、この業務フローに存在しない運用があります

R部長
標準パッケージの業務フローにない機能は独自開発（有償）となります

X製薬
他の製薬メーカーでも同様の運用があると思うのですが、標準パッケージの機能として搭載される予定はないのでしょうか？

R部長
もちろんご要望はいただいていますが、各社の要望をすべて搭載することはできないので、共通の要望が多い機能を優先して、標準化の計画を検討しているところです

X製薬
もし当社が要望する機能が標準化（無償）されるのでしたら、システムの導入を積極的に検討したいです

R部長
わかりました。社内に持ち帰って検討いたします

営業担当者がプレゼン先から持ち帰った標準化の要望は開発チームへ共有され、エンハンス（標準パッケージをバージョンアップして機能を拡充する開発のこと）の会議にかけられました。次の表は、エンハンス計画表の一部です。

エンハンス計画表の一部

起案日	起案者	要望内容	重要度	導入	開発予定	提供予定
XX/XX	Y製薬	・・・・・・・・・	高	v1.0	v3.0	XXXX年4月
XX/XX	E製薬	・・・・・・・・・	高	v1.0	v3.0	XXXX年7月
XX/XX	X製薬	・・・・・・・・	高	v2.0	v3.0	XXXX年10月

　表の「導入」は、起案者の製薬会社に現在導入しているシステムのバージョンです。「開発予定」は、要望の内容が標準パッケージの機能として搭載される予定のバージョンです。「提供予定」はそのバージョンの提供予定時期です。
　各社の要望は多種多様なので、特定の製薬会社の要望だけを採用するわけにはいきません。公平を期すためにA社は、各製薬社に合同会議の開催を案内し、各社の担当者同士で協議を重ねました。そうして採用された要望をとりまとめて「次のエンハンスで標準機能になる機能」を各社へ通達しました。
　エンハンス計画に沿った開発作業は、A社に常駐する保守チーム（B社）が行うことになりました。日頃の障害対応などでシステムの標準機能について最も熟知している保守チームが最も効率よく開発できるからです。

　ところが、声の大きい（力の強い）Y製薬の要望が優先的に採用され、エンハンスを重ねるごとにシステムはY製薬寄りの実装になり、他の製薬会社に標準機能を本来の仕様で提供するためにプログラム変更が必要になりました。そうやって、保守チームの中でも障害対応等で日頃からプログラムを見慣れている一部のメンバーにしかわからない「隠れた仕様」が増えていきました。その結果、標準機能の障害発生率が増加し、A社は拡販計画を一時停止して標準機能の品質改善を実施せざるをえない状況に陥りました。

　この事例からわかることは、システムの拡販には次のようなリスクが伴うということです。

● たったひとつの不具合でも全ユーザーの業務に影響することがある。

- 汎用性を備えれば備えるほどシステムが複雑化して保守性が低下する。
- 複雑化した仕様は誰も把握できなくなっていく。

　度重なる仕様変更によって設計書とプログラムの不一致が多数存在していることを知っている保守チームは、システムの基盤を再構築することを主張しましたが、プログラムの実装をすべて保守チームに任せているA社は再構築の必要性を理解できず、日頃の保守業務の空き時間を使って少しずつ品質改善に取り組むことを指示しました。次の図は、両者の認識の違いを表しています。

認識の違い

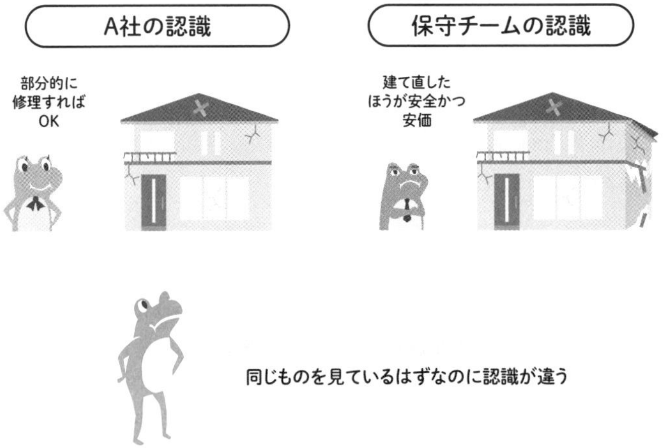

同じものを見ているはずなのに認識が違う

　A社のイメージには願望（少ない費用で解決）が含まれています。一方、保守チームは現実（部分的な補修では解決できない）を見ています。長期的に見れば再構築したほうが費用が抑えられるかもしれませんが、誰もその根拠を算出することができないため、A社の判断は変わりませんでした。せっかく開発したシステムを再構築するよりも、拡販のスピードを落として保守チームの負担を軽減することで余力を生み出し、余力を使って品質不良を改善するほうが現実的と考えたのです。なぜなら、A社はB社と一ヶ月あたり200時間の稼働を上限とする人月単価で保守契約を締結しているからです。上限ぎりぎりまで保守チームの工数を品質改善に充てたほうが経営資源を節約できます。開発者目線では再構築したほうがシステムの品質は長期的安定を得られ

ますが、新規開発ではないため再構築の予算はどこからも沸いてきません。

　ここで大事なのは、PMが、システムの拡販を一時的に停止してでもシステムの品質を回復させるための施策を講じることに工数を割く決断ができるかどうかです。言い方を変えると、目に見える利益（新規顧客の開拓、販路の拡大）と見に見えない利益（システムの品質改善）のバランスを適切に判断できるかどうかです。

　A社の事例では、保守チームに品質改善の指示が下されましたが、各製薬会社から上がってくる障害報告への対応（原因調査や修正作業）を優先しなくてはならず、就業時間内は品質改善に割く時間が確保できませんでした。そのため品質改善は遅々として進まず、保守チームは高稼働のため体調を崩すメンバーが出てきました。そもそも保守チームには通常業務があります。障害が1件も発生しない日があっても、優先度が低いため保留されている障害が溜まっているので、空き時間など存在しません。

　実効性のある品質改善を行うためには、保守チームを通常業務を行うメンバーと品質改善を行うメンバーの2つに分けて、別々のスケジュールを立てて対応を進めていくことが有効です。

> Point!
> ● 多くのユーザーに共通する要望は標準機能への搭載を積極的に検討する
> ● 標準機能の拡充はユーザー間の不公平が生じないように計画する
> ● 優先すべき作業を抱えたチームにシステムの品質改善を任せない
> ● 品質改善は専門チーム（チームの分割など）で対応する

 ## 保守チームの撤退に備えて

　システムの詳細を熟知した保守チーム（B社）はプロジェクトにとって必要不可欠な地位を確立しましたが、会社の事情でA社から撤退することになりました。B社は後任のために引き継ぎ資料を残していきましたが、急遽B社から保守業務を引き継いだS社（A社のグループ会社）は、慣れない業務に戸惑い、B社と同等の習熟度に達するまで数年を要しました。その間、A社は、多発するシステム障害とユーザーからのクレーム、それらの積み重ねが引き起こす保守契約料金の減額要請（重篤な障害が年間N件以上発生した場合、という条件つき）に頭を抱えていました。

　システムの運用保守に携わる担当者やチームが外注要員の場合、たとえ年単位で保守契約を締結していても、諸事情で撤退を余儀なくされることがあります。運用保守が軌道に乗って安定化してきたときこそ、運用保守の実態を反映した業務マニュアルの作成を指示し、日頃は運用保守を行っていない人が（保守チームがサポートしながら）マニュアルを参照しながら作業を行えるかどうか確認することが重要です。これができていれば、いつ保守チームが撤退・解散しても、スキルを要した要員（いなければ外注）を確保すれば保守体制を再構築することができます。

　開発チームがそのまま保守チームになる場合は後からでもマニュアルを作成できますが、開発の完了と同時にチームが解散する場合は、プログラムの不具合が発生した場合の調査方法・修正方針など、プログラマーがいなくなると誰にもわからなくなる情報だけでも保守マニュアルとして作成することを契約に含めておくことが重要です。

> Point!
>
> **運用保守を外注する場合、撤退に備えて運用保守マニュアルを作成しましょう。マニュアルに求められる品質は、開発メンバーではない第三者がこれを見て運用保守ができることです。**

 ## チェックリストの確認

　106ページのチェックリストの中で、開発段階でチェックすべき項目に★マークをつけました。

チェックすべき項目

チェック項目	文書化	合意
⋮	⋮	⋮
定例会や会議などで定期的にユーザーと課題を共有しているか？	★	★
課題の優先度、対応方法についてユーザーと合意できているか？	★	★
要望の扱いについてあらかじめ定めた手順に沿って対応しているか？	★	★
⋮	⋮	⋮
不具合発生時の対応ルールを定めているか？	★	★

06 当プロジェクトのチェックリストと反省点は？

 結局A社のプロジェクトは半分成功、半分失敗という感じだね

 このプロジェクトの失敗点をチェックリストで振り返り、システム開発会社へ発注する場合の注意事項を整理しておこう

要件定義の反省点

　要件定義の反省点は、要件定義書を作成したA社以外が見ても誤解なく伝わるように機能要件を記載できていなかったことです。記載された内容に関しては合意できていましたが、記載内容の客観性が欠如していました。

要件定義の反省点

チェック項目	文書化	合意
希望するシステムの目的、達成目標、要件、予算が明確か？	○	○
プロジェクトの目標がユーザーの課題解決方針と一致しているか？	○	○
プロジェクトの前提条件が明確か？	○	○
システム導入前の業務フロー図に現行業務の流れと課題が記載できているか？	○	○
システム導入後の業務フロー図に新しい業務の流れが記載できているか？	○	○
システムの機能要件と非機能要件が明確か？	×	○
要件定義書の記載内容を実現すればユーザーの課題が解決するか？	○	○
要件定義書の記載内容が技術的に実現可能か？	○	○
開発の作業範囲と工程別の成果物が明確か？	○	○
プロジェクトの完了条件が明確か？	○	○
⋮	⋮	⋮

　要件定義に関する注意事項をまとめます。

Point!

開発を外注する場合、要件定義書の記載内容は外注先にも正しく伝わらなければなりません。外注先は要件定義書のレビューに関わっていないので、発注側は「ユーザーと合意した要件が漏れなく記載されているか」という観点だけでなく、「誰が見ても理解に差が生じないよう客観的に記述できているかどうか」という観点でレビューすることを心掛けてください。発注側には、外注先に正しく情報を伝える責任があるからです。

システム要求の追加に関する注意事項をまとめます。

Point!

経営層にシステム要求の追加を説明するには、会社全体としての生産性の向上にどのくらい寄与するかという観点が重要です。システムによる業務効率の改善は、経営層にとって手段のひとつであり目的ではないからです。

見積の妥当性に関する注意事項をまとめます。

Point!

相見積もりは、安い外注先を選ぶだけが目的ではなく、金額の根拠をきちんと説明できる会社を見極めることに意義があります。不自然に金額が低い見積や高い見積が出てきた場合は根拠を問い、論理的な説明ができない会社は避けたほうがよいでしょう。

費用見積・要員計画・スケジュールの反省点

　費用見積・要員計画・スケジュールの反省点は、作業タスクの細分化や管理工数・バッファなどが考慮できていなかったことです。A社へ提示する前に社内レビューにて気づくことができましたが、開発メンバーの稼働が上昇し、途中から1名増員したため計画どおりではなかったという点で△とします。

費用見積・要員計画・スケジュールの反省点

チェック項目	文書化	合意
⋮	⋮	⋮
見積根拠（工数の根拠）が明確か？	△	○
実作業の工数だけでなく管理工数も含まれているか？	△	○
見積の前提条件が明確か？	○	○
全てのステークホルダーの名称と役割が体制図に記載されているか？	○	○
予算と仕様に責任と権限を持つステークホルダーと意思疎通できているか？	○	○
採用する開発プロセスについて合意できているか？	○	○
開発メンバーの役割と責任範囲が明確か？	○	○
リスクを考慮したスケジュールになっているか？	△	○
スケジュールが遅延した場合の対策についてユーザーと合意できているか？	○	○
⋮	⋮	⋮
⋮	⋮	⋮
要望の扱いについてあらかじめ定めた手順に沿って対応しているか？	○	○
成果物の量と質についての目標値を定量的に定めているか？	○	○
成果物のレビュー（確認）は誰がどのように行うか定めているか？	○	○
不具合発生時の対応ルールを定めているか？	○	○

　工数見積に関する注意事項をまとめます。

> Point!
>
> **実際にプログラミングする場面をイメージし、機能を処理やモジュールの単位まで細分化することで現実的な工数に近づきます。プロジェクトで採用する開発プロセスや開発メンバーの経験・スキルも考慮して、PM/PL自身が安心できる工数にしましょう。**

　要員計画に関する注意事項をまとめます。

> Point!
>
> **開発要員を外注する場合は1人月単位で作業を割り当てる計画にしましょう。外注要員の技術・経験はスキルシートの記載内容を鵜呑みにせず、PM/PLが事前に面談をして、担当予定の作業だけでなく周辺の技術・経験についてもヒアリングしておくことが重要です。**

　スケジュールに関する注意事項をまとめます。

> Point!
>
> マスタスケジュールおよび開発チーム内の詳細スケジュールは、仕様変更や会社行事など突発的なイベントが発生することを前提に作成しましょう。余裕のないスケジュールを発注側に約束するのは、責任感ある会社がすることではありません。

開発（設計・製造・テスト）の反省点

　開発（設計・製造・テスト）の反省点は、仕様変更の定義について合意を形成できていなかったことです。発注側と受注側の間で合意できていても、ユーザーと発注側の間で合意できていなければ、発注側はユーザーが要望していることを後ろ盾として、受注側との合意を歪曲することがあります。

開発（設計・製造・テスト）の反省点

チェック項目	文書化	合意
⋮	⋮	⋮
定例会や会議などで定期的にユーザーと課題を共有しているか？	○	○
課題の優先度、対応方法についてユーザーと合意できているか？	×	×
要望の扱いについてあらかじめ定めた手順に沿って対応しているか？	×	×
⋮	⋮	⋮

　仕様変更に関する注意事項をまとめます。

> Point!
>
> 設計工程を外注する場合、設計書は発注側の承認をもって完了とします。承認済みの要件定義書や設計書の修正を必要とする要望はすべて仕様変更に該当することを契約書に定めておきましょう。

　要望の扱いに関する注意事項をまとめます。

> Point!
>
> 要望はすべて一覧表に記録して可視化し、システムへの影響範囲を調査したうえで業務上の重要度とスケジュールを考慮して対応の可否やタイミングを判断しましょう。仕様変更に該当する要望や、対応すると開発が遅れてしまう場合は、時間外労働による稼働アップや増員といった方法で対処

することになるため、追加料金になることを契約書に定めておきましょう。

 ## 運用・保守の反省点

運用・保守の反省点は、チェックリストの項目以外にもあります。

- 構成管理手順を確立することの重要性をPLが認識できていなかった。
- 各ユーザーの声（要望）を公平に吸い上げられなかった。
- 低下していくシステムの品質に有効な手立てを講じられなかった。
- 運用保守手順の確立が遅れた。

運用・保守の反省点

チェック項目	文書化	合意
⋮	⋮	⋮
定例会や会議などで定期的にユーザーと課題を共有しているか？	○	○
課題の優先度、対応方法についてユーザーと合意できているか？	×	×
要望の扱いについてあらかじめ定めた手順に沿って対応しているか？	×	×
⋮	⋮	⋮

システムの品質改善と構成管理に関する注意事項をまとめます。

Point!

業務が俗人化しないように、運用保守マニュアルと構成管理手順書を作成しましょう。システムの品質改善を目的とした改修作業は保守チームを分割するなどして専門チームで行う計画にしましょう。

開発会社へ発注するプロジェクトにおいては、本章のプロジェクトと似た問題が潜んでいます。特に、発注側とユーザー企業の間に元請け会社が絡んでいる場合や、開発チームが再委託先を含むメンバーで構成されている場合は、関わる会社が多い分だけリスクが増加します。伝達漏れ、思い込み、責任転嫁、力関係を利用した威圧、そこに能力や経験に依存した人為的ミスも加わります。

本章のプロジェクトにおける反省点を反面教師にして、あなたが関わるプロジェクトを成功に導いてください。

\Column／

システム開発会社の種類

　ユーザーの業務を分析して課題を解決する手段としてシステムインテグレーション事業（SI事業）を行っている企業をSIer（エスアイヤー）と呼びます。111ページの元請けはSIerです。解決すべき課題によってSIerが請け負う内容は異なりますが、多くの場合、SIerは元請けとしてプロジェクト全体を統括するので、システムの構築に必要なインフラやハードウェア、ソフトウェアは外部から調達し、システム開発は上流工程（要件定義、基本設計）のみ行い、設計や実装は下請けに外注する傾向があります。

SIerの種類

メーカー系SIer	外資系SIer
ハードウェアメーカーの開発部門が独立 幅広い開発実績を持つ	海外のIT企業が設立した日本法人 コンサルティングに強い
ユーザー系SIer	独立系SIer
一般企業の情報システム部門が独立 親会社の業界で培ったノウハウが活かせる	SI事業を目的として設立された企業 ユーザーに最適なシステムを提案できる

●メーカー系SIer

　ハードウェアメーカーを親会社に持つSIerです。日立製作所、富士通、NEC、日立システムズ、NECネッツエスアイなど。

●ユーザー系SIer

　一般企業の情報システム部門が独立・分社化して、他企業のシステム開発も請け負うようになったSIerです。NTTデータ、野村総合研究所、伊藤忠テクノソリューションズ、SCSK、日鉄ソリューションズなど。

● **独立系SIer**

親会社を持たず、SI事業を目的として設立された企業です。大塚商会、エクシオグループ、TIS、BIPROGY、都築電機など。

● **外資系SIer**

海外のIT企業が設立した日本法人です。日本アイ・ビー・エム、デロイト・トーマツ・コンサルティング、日本ヒューレット・パッカード、日本オラクル、SAPジャパンなど。

それぞれの強みは次のとおりです。

SIerの強み

種類	特徴・強み
メーカー系SIer	メーカーが有するハードウェアやソフトウェアとシステムを連携した開発が得意
ユーザー系SIer	親会社からの継続的な受注により培われた効率的な開発手法を有する
独立系SIer	親会社やグループ企業とのしがらみがなく、開発に使用するプログラム言語やインフラなどユーザーに最適なシステム構成を提案できる
外資系SIer	世界基準の高い技術力と標準化された開発プロセスを有し、オフショア開発（海外の企業や現地法人に業務委託）ができる

筆者は独立系SIerに在籍していましたが、ユーザーに寄り添ったソリューションを提案しやすいという強みはその通りだと実感しています。

Chapter

04

フリーランスへ
クラウドソーシング経由で
発注する場合

フリーランスへクラウドソーシング経由で
発注する場合に、双方がどのような場面で
何に気をつければよいかを、架空のプロ
ジェクトで解説します。

01 プロジェクトの概要と開発体制はどうなっている?

クラウドソーシングを利用してフリーランスに発注するとき、どのような開発体制が敷かれるの?

架空のプロジェクトを例として解説するよ。受注側(ワーカー)はひとりがすべての役割と責任を負うことに注目しよう

 ## プロジェクトの概要

　発注側のW社は、インターネットメディア事業を中心にSEOコンサルティングやPPC広告運営代行事業を展開する企業です。元々は従業員数5名程度の小さな会社でしたが、労働形態の多様化によりリモート勤務者が急増し、現在の従業員数は30名程度(通勤圏内の内勤者は5名、他は遠隔地のオンライン勤務者)です。

　いまW社は、社内の各種申請手続きの効率化に悩んでいます。内勤者のみだった頃は、社内での申請・承認事務(稟議書や勤怠関連の届書など)は申請者が電子ファイルのフォーマットに記入したものを印刷して捺印したものを社長のデスクへ提出し、社長が承認印を押すというアナログな方法をとっていたのですが、リモート勤務の従業員には同じ運用が適用できません。

　ここ数年は企業向けのワークフローシステムを契約して利用してきたのですが、従業員の増加に伴って会社の組織編制が拡大するにつれて、システムの機能ではW社内の運用実態に合わせることが難しくなってきました。

> ワークフローシステムとは、電子化された申請書や通知書をあらかじめ決められた経路に従って回覧・回付することによって、社内の決裁や承認処理の効率化を支援するシステムです。

　しかしW社には、主力事業にかかるコストに優先してまで社内向けのシステム開発に多額の資金を投じることができないため、開発会社への発注は選択肢から外しました。

　そこでW社のK社長は、クラウドソーシングを利用してシステム開発ができるフリーランスのエンジニアを探すことにしました。既存の業務パッケージでは、自社の運用に合わせて機能を細かくカスタマイズすることができませんが、新規で開発すれば自社のニーズを満たしたシステムができると考えたのです。

 ## クラウドソーシングとは？

　クラウドソーシングとは、**企業がインターネット上で不特定多数の人に業務を発注できるプラットフォーム**です。システム開発に限らず、ウェブサイト制作や動画編集など、多種多様な仕事が発注されています。クラウドソーシングを利用して仕事を発注する際は、クラウドソーシングのサービス（ウェブサイト）に会員登録を行い、サイト内から募集要項を入力して公開します。

　発注側にとってクラウドソーシングには次のようなメリットがあります。

- 目的にあった専門知識やスキルを持った人材が見つかりやすい。
- 社員の育成にかかるコストが抑えられる。
- 外注することで自社の業務に専念できる。

　逆に、次のようなデメリットがあります。

- 発注した業務に関するノウハウや経験が自社に蓄積されにくい。
- 社外の人間とやり取りするため機密情報が漏えいするリスクがある。
- 発注者と受注者がクラウドソーシングサービスを介さない個別契約を結ぶことは禁止されている。
- 仕事に関する連絡はクラウドソーシングサービス内のチャットルーム等を利用して行わなくてはならない。
- クラウドソーシングサービスのシステム利用料がかかる。
- 発注側の無知を利用して過大な見積を提示するワーカーもいる。

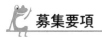

募集要項

　初めてクラウドソーシングを利用するW社は、大手クラウドソーシングサービスに発注者として登録し、次の募集要項を掲載しました。

《仕事の概要》

固定報酬制：500,000円〜1,000,000円

掲載日：20XX年X月14日

応募期限：20XX年X月28日

《仕事の詳細》

【概要】

各種申請書の承認・決済システムの開発

【依頼内容】

・稟議書や各種申請書の承認・決済をオンラインで行える簡単なシステムの開発をお願いします。

・セキュリティなど不安なので、そのあたりに詳しい方を希望します。

・社内からの要望はたくさんありますが、より便利な機能があれば提案して欲しいです。

・予算は上記のとおりですが、相場がわからないので相談させてください。

【用意してあるもの】

・仕様書：わからないので相談して決めたいです。

・サーバー、ドメイン：わからないので相談して決めたいです。

・デザイン：わからないので相談して決めたいです。

・各種申請書類：現在社内で使用している電子ファイルがあります。

【納期】

20XX年X月末頃を希望します。

（次の決算期までに導入したい）

【契約金額（税抜）】

50万円くらいで見積もりをお願いします。

※契約金額（税込）からシステム利用料を差し引いた金額が、ワーカーさまの受取金額となります

【応募方法】
・これまでの開発実績や、簡単な自己紹介をご提示ください。
・条件提示にてお見積もり金額を入力してください。

　W社にはシステムに詳しい社員がいないので、報酬額の相場や開発に必要な期間がわかりません。とりあえず、仮に自社にシステム開発ができる社員が1人いたとして、2ヶ月で開発できた場合に支払う給与額を目安として500,000円〜1,000,000円を設定しました。

● 仕事の依頼形式と報酬の支払方法

　クラウドソーシングを利用した仕事の依頼形式は「プロジェクト形式」「タスク形式」「コンペ形式」などがあります。「プロジェクト形式」とは、仕事の内容を掲載して相見積もりを取り、希望の条件にあったワーカー（複数名可）を選んで発注する形式です。

　プロジェクト形式の場合、納品された成果物に対して支払う「固定報酬制」と、仕事を行った時間に対して支払う「時間単価制」があります。どちらを選択するかは依頼する仕事の内容によって発注者が決定しますが、仕事の内容が明確に決まっている場合は固定報酬制、決まっていない場合は時間単価制にするなど、適切な使い分けが求められます。

　固定報酬制のプロジェクト形式の場合、発注者はワーカーに仕事を発注した時点（契約した時点）でサービス側へ契約金額の支払い（仮払い）を行います。その後、ワーカーが仕事を完成させて成果物を納品して発注者が検収を行います。検収に合格すると、サービス側からワーカーへ、事前に発注者が預けていた仮払い金からシステム利用料を差し引いた額が支払われます。サービス側が定めた期間内に検収を行わなかった場合、自動的に検収に合格したものとみなされますので注意しましょう。

　時間単価制のプロジェクトの場合は、サービス側が定めた期間（たとえば1週間）の稼働予定分を発注者が仮払いを行い、実際の稼働時間との差額があれば発注者へ返金が行われ、次の期間（たとえば翌週末）にワーカーへ実際の稼働分が支払われます。

応募者全員が辞退

多数の応募がありましたが、全員が辞退していきました（理由は168～172ページで解説します）。応募期限が過ぎたので、W社は募集要項を修正して再度募集をかけたところ、10名ほど応募があり、最終的には1名（Cさん）に発注することにしました。提示された自己紹介によると、Cさんは独立系SIerのシステムエンジニアとしてさまざまな開発プロジェクトに関わった経験があり、プログラマーとしてはもちろん、PL/PMの経験もあります。今はフリーランスとして活躍しています。

プロジェクトに関わる会社

次の図は、プロジェクトに関わる会社の関係を表しています。今回のプロジェクトの中心は、緑色で囲ったW社（発注者）とCさん（ワーカー）です。

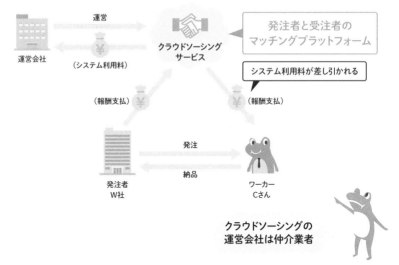

プロジェクトに関わる会社

プロジェクトの体制

プロジェクトを立ち上げるとき、参加するメンバーの役割を記入したプロジェクト体制図を作成することが望ましいのですが、W社にはシステム開発の発注経験がないため、何をすべきかわかりません。ワーカー（Cさん）との間で連絡窓口となる担当者は総務部のAさんに任命しましたが、それ以外の一切のことはワーカーから要請があれば対応する心づもりです。

　当プロジェクトの体制を図にすると次のようになります。クラウドソーシングサービスの運営会社は仲介業者として開発費用の入出金を行いますが、プロジェクトの実施には一切かかわりませんので、体制図には含めません。

プロジェクト体制図

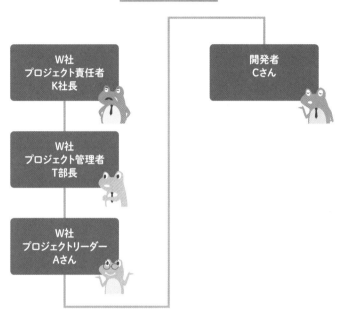

この体制図は実際には
共有されていない

　プロジェクトの主体はW社であり、Cさんは開発の全般（要件定義からリリースまで）を任された外注要員とみなします。開発するワークフローシステムは総務部が中心となって運用するので、総務部のT部長がPM、その部下であるAさんがPL、その下に開発メンバーとしてCさんがいると考えます。

　あくまで立場と責任の分担を考えた上での想定であって、実際には当プロジェクトの誰も「責任者は誰か？PMは誰か？」といった認識は持っていません。開発者のCさんも、自分の責任はW社から依頼されたシステムを完成させることだと思っているので、W社内での役割分担がどうなっているかは知りませんし関心がありません。必要なことは窓口のAさんを通してやり取りすればよいと考えています。このことが、後に問題の一因になるのですが…。

プロジェクトの利害関係者（ステークホルダー）

発注側と受注側でプロジェクトの体制図や責任の分担が共有されていないようだけど、大丈夫なの？

確かに不安だね。もしもあなたが発注側の担当者ならAさんを、受注側の開発者ならCさんを自分に重ねてみよう

発注側の主な利害関係者

プロジェクト責任者（代表取締役／K社長）

　直接開発には関与しませんが、社内では経営に関わる判断を下す権限を持ち、プロジェクトの最終責任を負います。

　ワークフローシステムの導入によって、オンライン勤務者からの各種届出に対する承認や、稟議書の回付・決済業務がスムーズになり、総務部だけでなくワークフローの承認経路上にある経理部や各部門長が本来の業務に専念できるようになることを期待しています。

プロジェクト管理者（総務部／T部長）

　プロジェクトの進捗や予算の管理、要員調達、開発メンバーの業務負担の調整など、プロジェクトの達成に責任を負います。当プロジェクトでは予算も発注先も決まっているため、よほど大きな問題が起きない限りほとんどすることがありませんが、T部長自身も開発プロジェクトに関わったことがないため、次のような（開発の前提となる条件がひっくり返るような）事態が発生した場合に適切な調整役を果たせるのかどうかが心配です。

- システムを設置するための社内インフラを準備できる人がいない。
- 社内の要求をまとめきれずに要件定義がいつまでも完了できない。
- システムへの要求が予算に合わない。

プロジェクトリーダー（総務部／Aさん）

　プロジェクト管理者が策定したスケジュールどおりにプロジェクトを実行することに責任を負います。しかしAさんも開発プロジェクトに関わったことがないため、スケジュールの立て方がわかりません。社長が希望する納

期から逆算して大雑把なマスタスケジュールを描くことはできますが、それが実現可能なスケジュールなのかどうか判断することができません。そもそも、スケジュールは開発者（ワーカー）が立てるものだと思っています。

　また、開発作業はCさんに外注するので、開発の進捗状況をどのようにCさんと共有して管理すればよいのかもわかりません。幸いなのは、開発メンバーがCさん一人だけなので、Cさんの状況だけ把握できれば済む点です。

●受注側の主な利害関係者

●開発者（Cさん）

　W社に詳細なヒアリングを行ってシステムの要件を確定させ、設計・開発・テスト・リリースまですべての工程を導いていく難しい立場です。募集要項の内容だけでは作成すべき成果物の量がわからない（根拠ある見積ができない）ため、事前に発注者へ質問をしたあと正式に受注しました。

\Column/

代表的なクラウドソーシングサービス

　以下の表は代表的なクラウドソーシングサービスについて仕事の依頼形式を比較したものです（執筆時）。

代表的なクラウドソーシングサービス

サービス名	依頼形式				
	プロジェクト	コンペ	タスク	時間制	求人
クラウドワークス	○	○	○	○	
ランサーズ	○	○	○		○
ココナラ	○	○	○	○	
Bizseek（ビズシーク）	○	○			
Craudia（クラウディア）	○	○	○	○	
シュフティ	○		○		

　ランサーズは日本国内ではじめて設立されたクラウドソーシングサービスで、求人募集も掲載可能です。

　圧倒的な登録者数と掲載案件数を誇るクラウドワークスは、上記の中で唯一、マイルストーン払い（段階払い）に対応していることが特徴です。

02 工程① 要求定義・要件定義で失敗しないためには？

 W社のようにシステム開発の発注に慣れていない会社が要件定義を行うとき、どんなことに気をつけたらいいの？

 自社に不足している能力を補ってくれる経験豊富なワーカーが応募してくれるように、募集要項の書き方に細心の注意を払うことだよ。詳しくみていこう

 ## ワーカーが応募したがらない募集要項とは？

　優秀なワーカーほど、受注した場合に自分が負うリスクや、失敗する可能性が高いプロジェクトかどうかを募集要項の掲載内容から敏感に読み取ります。次のような募集要項は、優秀なワーカーから敬遠される傾向があります。

1. 「簡単」という表現を多用している
2. 「相談して決めたいです」という表現を多用している
3. 発注する作業工程が明記されていない
4. 報酬額に対してシステムへの要求が多すぎる
5. 要件が決まっていないのに納期が短い
6. 要件が決まっていないのに固定報酬制
7. 要件定義が完了しているのかどうか不明確
8. システムへの要求内容が読み取れない
9. ワーカーへの質問返しで要件定義を済ませようとしている

　W社の募集要項を例に、何が問題なのかを解説していきます。

●「簡単」という表現を多用している
　募集要項に「簡単な〜〜」「シンプルな〜〜」という表現を多用すると、「簡

単な仕事なら自分にもできそうだ」と思い込んだ経験の浅いワーカーや、仕事の品質よりも実績件数を増やすことに関心の強いワーカーが集まりやすい傾向があります。このような募集要項は、一見すると簡単な仕事だから納期も短く報酬額も多くない（だから妥当なのだろう）と思えてしまいますが、**実際は発注者が期待するほど簡単な仕事ではなく、要求に対して報酬額が釣り合っていないことが多い**のです。「簡単」という表現は、ワーカーにとって簡単という意味ではなく、発注者が「プロならこの程度の開発は簡単だろう？」と軽視しているように映ります。開発者から見ても難しいものを発注者が簡単だと言い切るプロジェクトに誰が応募したいと思うでしょうか？

　W社の募集要項がまさにそうでした。仕事の詳細を聞き出すために契約前に発注側へメッセージを送ったほとんどの応募者が、W社からの返信内容からそのことを見抜いて辞退していったのです。

「簡単」の意味が違う

●「相談して決めたいです」という表現を多用している

　サーバーやネットワーク構成、セキュリティ要件など、開発経験がなければ判断できないことについてはワーカーと相談して決めればよいのですが、予算や要件までもワーカーと相談したいという募集項目はNGです。ワーカーには次のように見えるからです。

- 見積提示後に必ず「相談という名の値引き交渉」が待っている。
- システム要件が決まっていないのに開発全体の見積を提示できるはずがない。
- システムのことに詳しくないという理由を盾に、予算を超過する要望を報酬額の範囲内で求められそう。

発注する作業工程が明記されていない

　要件定義から行って欲しいのか、設計と実装だけ行って欲しいのか、依頼したい工程の範囲が明記されていないと、ワーカーは次のように感じます。

- **作業量が想定できないので見積ができない。**
- 実装だけを想定した見積を提示しても、いざ受注したら、設計はおろか要件定義もできていなかったというオチが目に浮かぶ。

報酬額に対してシステムへの要求が多すぎる

　社内で運用する稟議書や各種申請書には機密情報と個人情報が多く含まれています。それをオンラインで行うためには社内イントラネット上にシステムを構築し、従業員が自宅からもリモート接続して利用できるようにVPNを用意する必要があると考えられます。ではVPNサーバーやVPNクライアントは何を使用するのか？　VPN環境の構築にかかる費用も報酬額に含まれるのか？　そもそもVPN環境が必要であることを発注者はわかっていないのではないか？　そうだとすると、このプロジェクトはシステムへの要求と報酬額があまりにも釣り合っていないのでは？　といった疑問が生まれます。

要件が決まっていないのに納期が短い

　W社の募集要項を見る限り、システムに求める機能について要望が多く絞り切れていないにも関わらず、もっと便利な機能があれば提案して取り入れて欲しいと言っています。それにも関わらず、「次の決算期までに」と、納期だけは決まっています。

　もちろん希望として「いつまでに」「なるべく早く」という気持ちはわかりますが、システム開発は気持ちの持ち方で早くすることなどできません。**システムに備える機能と備えない機能をきちんと切り分けてはじめて作業量が決まり、必要な期間と費用も決まります。要件が決まっていないのに納期だけが先行して決まっている開発はありえません。**

● 要件が決まっていないのに固定報酬制

　W社側でVPN環境を用意してもらえるのかどうかは募集要項に記載されていないので、固定報酬制だとワーカーにはリスクが大きすぎて応募をためらってしまいます。**システム要件が決まっていないのであれば、固定報酬制（ワーカーと相談）とするか、時間単価制の要件定義と固定報酬制の開発（設計＋実装＋テスト）にプロジェクトを分けて募集したほうがよい**でしょう。

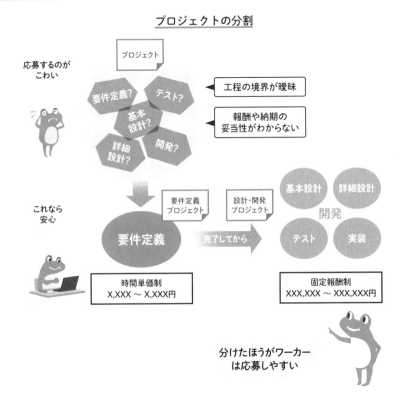

プロジェクトの分割

● 要件定義が完了しているのかどうかが不明確

　「社内からの要望がたくさんある」と書かれているので、システム要件に含めるべき要望の候補はすべて出しきっているとも読み取れますが、「わからない」が多いことから、それらの要望は全く整理されていないとも読み取れます。

　もし発注者が、社内から上がっている要望を単純にメモしたものを要件定

義と考えているとしたら、**発注後に開発者と一緒に要件定義を最初からやり直すことになる**でしょう。そうなると、開発者は発注者の予算と納期に収まるように要望を整理しつつ、最低限の要件は満たさなければならない、という非常に難しいバランス調整を求められます。また、開発者が要件定義に参加することによって発注者は「これはできる？」「あれもできる？」といった追加の要望を次々と思いつけるようになるので、要件がまとまるどころか発散してしまうでしょう。

システムへの要求内容が読み取れない

募集要項から読み取れるのは「稟議書や各種申請書の承認・決済をオンラインで行えるシステム」ということだけです。要求の詳細が募集要項に掲載しきれない場合は、発注先を決定して契約を締結した後に詳細を送ることを掲載しておくか、**公開しても差し支えの無い範囲の情報をPDFなどにまとめて募集要項に添付したほうが、発注者にとっても社内の意思統一が図りやすいですし、応募を検討するワーカーも見積や提案がしやすい**です。

ワーカーへの質問返しで要件定義を済ませようとしている

応募する前に、ワーカーから発注者へ質問のメッセージを送ることができます。本来は、募集要項の掲載内容だけでは仕事の詳細がわからない場合にワーカーが発注者へ質問をする目的で使用されますが、逆の場合もあります。

質問を受けた発注者が、質問に答えるだけでなくワーカーに意見を求めたり、「こんなことはできますか？」と要望を質問で返したりして、ワーカーがそれに答える、といったやり取りを繰り返すのです。

次のやり取りは、ある応募者が発注者のAさんにチャットルームで質問をした内容です。応募者は、稟議書等の承認経路上に誰がいるのかを確認したかっただけなのですが、Aさんは承認経路上にいる上長を飛ばして最終的な承認行為（決済）を行う社長に直接申請することが可能かどうかを問い返しています。

巧妙なのは、（技術的に、システム的に）できるかどうか？　という問い方をしている点です。仕様的に矛盾が生じないことであれば大概のことは実現可能ですが、ここで応募者が「できます」と答えてしまうと、発注者は本件システムの要件に含めることができると考えてしまいます。こうなれば言った

もの勝ちで、要望を言い切ってしまえば発注者にとって要件定義は終わったも同然です。

質問返しで要件定義

稟議書は誰が承認するのですか？

申請者の上長です。上長を飛び越して社長決裁にもできますか？

はい。それがシステム要件であれば、実装できます。

いいこと思いついた

ちなみに、上長が承認する前なら申請を取り下げできますか？

あ、はい。そのような仕様にすることは可能です。

あ！それから…

それから、承認や却下などの履歴を見ることはできますか？

え、ええ、技術的には可能ですが…。

無報酬で要件定義をさせることに等しい

　ワーカーからの質問に答える場を利用して、要望をワーカーに伝えればシステムの機能要件に含めることができるかどうかの答えが返ってくる（これは助かる！）と勘違いしてはいけません。このようなやり取りは要件定義の作業に該当しますので、お金を払ってやってもらうべきことです。「相談だけだから無料」という考え方は間違っています。相談が無料なら、世の中のコンサルタントは仕事を失います。

ワーカーが集まる募集要項とは？

　実績数を稼ぐことだけを目的とするワーカーや、発注者の無知に付け込んで不当な見積を提示するワーカーではなく、誠意と実力を兼ね備えたワーカーが応募してくれるためには、次のような募集要項にすることが重要です。

- 発注する開発工程が明確。
- 開発環境や開発条件が明確。
- 依頼の流れが明確。
- 発注者が想定している工数（開発規模）が明記されている。
- 開発規模に対して報酬と納期が妥当。
- 工程に応じた報酬の計算方法（固定報酬制、タスク制、時間単価制）。
- 安易に「簡単」「シンプル」という単語を使っていない。
- ワーカーの選定基準（何を重視するか）が明確。

　以上の反省を踏まえて、W社は次のように募集要項を修正しました。

《仕事の概要》
固定報酬制：ワーカーと相談
掲載日：20XX年X月14日
応募期限：20XX年X月28日

《仕事の詳細》
【概要】
社内ワークフローシステムの開発

【依頼内容】
稟議書や各種申請書の承認・決済が行えるシステムの開発をお願いします。
要件定義から社内サーバーへのシステム導入までお願いします。

【システムの仕様】
・システムの利用者は全従業員（リモート勤務あり）です。
・弊社の組織図に基づいて申請者の上長が承認を行います。
・稟議書は最後に社長へ回付され、社長が決済します。

・申請者の上長が不在の場合はその上の上長へ回付します。

・最初の上長が承認する前なら申請者自身が申請を取り消しできます。

・承認および決済の履歴が残るようにしたい。

・社内PCおよび自宅PCから利用できるようにしたい。

【その他】

・上記以外の仕様（セキュリティや性能）はどこまで必要なのかわからないので相談させてください。

・VPN環境はすでにありますので構築いただく必要はありません。

・開発者が外部から社内サーバーに接続できる環境設定は、別途ネットワーク事業者へ依頼する予定です。

・プログラム言語の指定はありません。適切なものをご使用ください。

【用意してあるもの】

・要望一覧（添付ファイルを参照してください）。

・組織図と回付経路図：契約後に共有します。

・仕様書：要件定義に基づいて仕様書を作成してください。

・サーバー、ドメイン：社内のサーバーに構築をお願いします。

・デザイン：参考イメージ（https://xxxxxxxxx）。

・各種申請書類：社内で使用しているフォーマットがあります。

【納期】

20XX年X月末頃を希望しますが、難しければ相談してください。

【依頼の流れ】

① 契約後、当社の組織図と回付経路の資料を共有します。

② 要件定義を一緒に行います（※1ヶ月程度）。

③ 開発をお願いします（※3ヶ月程度）。

④ システムの導入作業をお願いします。

※仕様と要望に対して期間が足りなければ事前に相談してください。

【重視するポイント】

・業務システムの開発経験がある方。

・開発全体の進行をしっかり牽引できる方。

・できることできないことを根拠立てて説明できる方。

【契約金額（税抜）】

要件定義は時間単価2,000〜4,000円、開発作業は固定報酬制でのお支払いを検討していますが、相場がわからないのでまずは上記の仕様でお見積りをお願いします。お見積りの前提条件があれば教えてください。

※契約金額（税込）からシステム利用料を差し引いた金額が、ワーカーさまの受取金額となります

【応募方法】

・これまでの開発実績や、簡単な自己紹介をご提示ください。

・条件提示にてお見積もり金額を入力してください。

成果物と承認プロセスの明確化と共有

　発注者がシステム開発に慣れていない場合、52ページで解説した開発プロセスや工程の順番、各工程の成果物と承認プロセス、さらには発注者が負うべき責任についてもほとんど知らないと思っておくくらいが調度よいです。

　逆に、発注者とその向こうにいる社内のステークホルダー全員をリードしていくぐらいの積極性がワーカーには求められます。形式的には発注側にPM/PLがいたとしても、実質的には**ワーカーがすべてを管理するぐらいの心づもりで行動しなければ、プロジェクトの成功は難しくなります**。

　発注者と認識の溝が大きいまま要件定義を始めると高確率でプロジェクトは失敗します。ワーカーだけがそのリスクを認識していても、発注者がワーカーのスキルに依存したままでは溝は埋まりません。開発に必要な発注者の協力を得るためにも、受注直後（できれば受注前）にワーカーは次のことを発注者へ説明して理解を求めましょう。

- システムが完成するまでの工程をどのように分けるか？
- 各工程の成果物を何にするか？
- 時間を惜しんで成果物をチェックしないとどうなるか？
- 成果物を誰がチェックして誰が承認するか？

- 次の工程へ進む判断は誰がいつ行うか？
- 承認プロセスを省くとどのような問題につながるか？

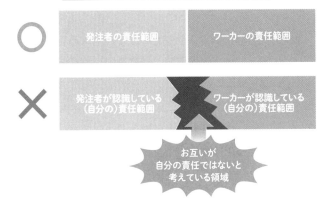

認識の溝がプロジェクトの失敗につながる

　図の溝を埋めるために発注者とワーカーは次のことができているかどうか、一緒にチェックしてください。

Point!
- 各工程の成果物（何を作成するか）を明確にする
- 成果物の粒度は、成果物単位でスケジュール化できる程度に分割する
- 成果物の承認プロセスを明確にする
- 発注者が関わるタスクと責任を明確にする
- 発注者のタスクが遅れるとどうなるか（開発全体が遅れるなど）、遅れた場合のリカバリ方法（納期を遅らせるなど）を明確にする

03 工程②
費用見積・要員計画・スケジュールで失敗しないためには？

妥当な見積やスケジュールで契約するために、発注者とワーカーが依頼内容と作業量の認識を一致させるにはどうすればいいの？

契約前にワーカーから発注者へ質問をして、認識の溝をできるだけ埋めよう。具体的な事例と対処方法をみていこう

作業範囲と責任分担を確認してから見積を提示する

　募集要項にできるだけ詳しく仕様を記載したW社は、「これなら妥当な見積が提示されるだろう」と期待しました。一方Cさんは、募集要項に記載された仕様を見て「箇条書きできるくらい社内で要件を整理した結果なのだろう」「ということは、ここに書かれていない仕様は見積に含めなくてよいだろう」と考えて大雑把な機能一覧を作成し、クラウドソーシングサービスの「発注者に質問メッセージを送る」機能を利用して、応募する前にW社へ質問をしました。

Cさんが作成した機能一覧

機能名	説明
ログイン・ログアウト	ログイン・ログアウトを行う機能
メニュー	ログインユーザーの権限で利用できるメニューを表示する機能
従業員登録	システム利用者を登録する機能
申請書管理	申請書のフォーマットを登録する機能
承認経路設定	申請書の回付経路を設定する機能
新規申請	ユーザーが申請を行う機能
申請履歴一覧	ユーザーが自分の申請履歴を確認する機能（最初の上長が承認する前なら取消可能）
承認履歴一覧	ユーザーが承認・決済した申請の一覧

　以下は、サービス内のメッセージ欄でCさんが発注者（W社のAさん）に質問した内容です。

Cさん

募集要項の仕様を見てシステムの機能を書き出しました。足りない機能はありませんか？

Aさん

足りていると思います。これで見積をお願いできますか？

Cさん

作成する仕様書の詳細度と量や、御社にどのくらいご協力いただけるかによって作業量が大きく変わってきますので、応募前にその点についてご相談させていただきたいのですが

Aさん

仕様は募集要項に書いていることがすべてです。それ以外に望みません。開発中に出てきた質問には積極的にお答えしますが、まだ発注していませんのであまり詳しい情報は出せません

　Cさんが確認したかったことは次の2点です。

● システムに必要な機能に漏れがないか（見積の根拠になる）
● 成果物の量と質、W社の参加具合（Cさんの作業量に関わる）

　どんなに仕様の認識があっていても、「開発者が見てわかるレベルの設計書」を仕様書と位置付けるのか、「W社のユーザーがシステムの使い方を理解できるためのマニュアル」を仕様書と位置付けるのか、それによって作成するドキュメントの量と精度は全く違ってきますし、かかる工数も変わります。
　また、テスト工程を「単体テスト／結合テスト／システムテスト／受け入れテスト」に分けるのか、業務上の利用パターンを想定したシステムテスト

までをCさんが行って、W社は受け入れテストだけ行うのか、それによってもCさんの工数と見積は大きく変わってきます。なんとなく、先ほどのAさんの回答からすると、W社は見積に合意して発注したらあとはすべてCさんが完璧なシステムを作って納品する責任があると考えている印象を受けます。つまり、W社は開発中の質問には（要望を伝える機会にもなるので）答えるけれど、それ以外にW社が協力できることはないだろうと考えているのです。悪意があるのではなく、知らないからそう考えてしまうのです。

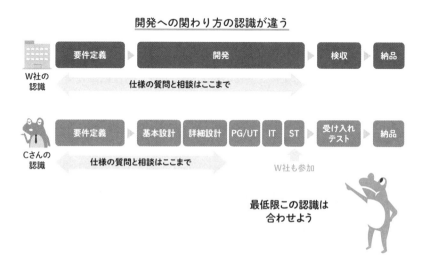

開発への関わり方の認識が違う

Cさんはこれまでの経験から、UT/IT/STの工程を分けずにSTのみにするとしても、最低でもST仕様書を作成してW社にテストパターンに漏れがないか確認してもらい、必要であればパターンを追加し、W社の承認を得てからテストを実施し、テスト結果報告書を成果物としてW社に提出してから受け入れテストを開始してもらう流れを想定していました。**どのような運用パターンを想定したテストを実施するのかを発注者が把握しないままテストすると、テスト結果を報告されても妥当かどうか判断できないからです。**

つまり、Cさんはプロジェクトが発注者とワーカーとの間の合意に基づいてトラブルなく完了できるために必要なことをAさんに理解してもらいたかったのですが、質問の真意が伝わらずにAさんから会話を閉じられてしまいました。かといって、このまま応募して受注したとしてもW社がプロジェクトに積極的に関わる姿勢を示さない限り、安心して工程を進めていくことができません。

🔵 応募前の質問に耳を傾けてもらうためには？

　発注者は、応募を検討している複数のワーカーから同じような質問を受けている可能性があります。そのたびに何度も同じことを個別に回答するのは大変なので、何も言わずに予算内の見積を提示してくれるワーカー（もちろん実績も見ますが）がいれば、すぐ発注したくなります。

　さらに、開発工程や成果物の量・品質などといったことに関心のない発注者だと、相談のテーブルにさえついてもらえないこともあります。Ａさんにしてみれば、仕様書の量など聞かれてもどう答えればよいのかわからない（見積にどの程度影響するのか想像できない）ので、「ワーカーが決めればよいことをわざわざ相談して決めようだなんて、面倒な人だな」と感じたのかもしれません。

　本当はシステム開発に慣れていない発注者ほど、Ｃさんが言うことは大事なことなのですが、発注もしていないのに細かいことをたくさんヒアリングされると困るのも事実です。

　このような発注者に対しては、遠回りに細かなことを聞くのではなく、「なるべく少ない金額で確実に完成させるために必要なことを相談したいです」というように、発注者にとって一番わかりやすいリスクであるコストを全面に出すとよいでしょう。Ｃさんはコストではなく作業量という言い方をしました。作業量はワーカーにとっては自分事ですが、発注者にとっては他人事なので響かないのです。**相手が一番気にしているポイントを絡めて話をすると、「この人は私の（当社の）ことを考えてものを言っている」と感じ、耳を傾けてもらいやすくなります。**それでも聞いてもらえない場合は、払拭できないリスクを抱えたまま仕事を受ける覚悟で応募するかどうかを慎重に考えてみましょう。発注者も、ワーカーとのコミュニケーションを省けば省くほど（どんなにワーカーが優秀でも）要望するシステムの完成が遠のくということを認識しておくべきです。

🔵 作業範囲と責任分担の合意

　Ｃさんは諦めずにＡさんにメッセージを送り、作業範囲と責任分担について次のように合意しました。

【Ｗ社の作業範囲と責任範囲】
要件定義、ST仕様書レビュー、受け入れテスト

【Cさんの作業範囲と責任範囲】
要件定義〜ST実施、納品（リリース作業）

作業範囲と責任分担

仕様の質問と相談はここまで

W社がテスト仕様書の
確認・承認

●作成する成果物

工程	成果物
要件定義	業務フロー図(新)、機能一覧、画面一覧、画面遷移図
基本設計	データフロー図、データベース定義書、システム方式設計書
詳細設計	概要設計書、詳細設計書
PG/UT	ソースファイル一式
IT	結合テスト仕様書、結合テスト結果報告書
ST	システムテスト仕様書、システムテスト結果報告書

成果物に基づいて
見積を行う

共通の認識

STから参加してもらう

　STでは、実際の運用で発生する操作の流れを想定したシナリオをST仕様書に記載し、シナリオに沿ってシステムを問題なく操作していけるかどうかをテストします。ここにはユーザーの視点が不可欠なので、W社がST仕様書を確認・承認してからCさんがテストを行うこととしました。

　これでプロジェクトの作業工程が明確になり、各工程で何を作成すれば次の工程に進めるのか（各工程の完了条件）も明確になりました。言い換えると、**プロジェクトという形のないものに骨格を与えた**ことになります。これによって発注者とワーカーがそれぞれ何にどこまで責任を負うのかという認識を共有することができるので、言った言わないの問題や、責任の押し付け合いといったトラブルの防止に役立ちます。さらに、これらの情報をもとにして作成する見積には根拠があるので、発注側も金額の妥当性について余計な疑念を抱くことなく気持ちよく依頼することができます。

●一括払いと分割払い

　開発期間が長い場合や作業工程が複数に分かれる場合は、発注者が支払う報酬額も大きくなります。そのため、成果物や作業工程ごとに分割払いでき

るクラウドソーシングサービスもあります。分割できたほうが工程の完了を
お互いに確認しあえますし、諸事情でワーカーが途中で稼働できなくなった
場合に途中の工程から別のワーカーに依頼することもできるので、発注側に
とってもリスクを抑えることができます。

　Cさんは基本設計から納品（W社内サーバーへのシステム設置）までの見積
を270万円として提示しました。W社の想定の3倍程度ですが、128ページ
のように機能を詳細化して積み上げた工数見積を添えたことで、W社は自社
の見込みが甘かったことを実感しました。なぜなら、応募前の質問をせず見
積を提示してくれた他のワーカーも、200 ～ 500万ぐらいの見積を提示して
いたからです。そのときはなぜそんなにかかるのかW社はわからなかったた
め、金額だけを見てそれらのワーカーを断っていました。しかしCさんから
作業工程と成果物に基づく根拠ある見積が提示されたことで、W社は考えを
改めざるを得なかったのです。とは言っても金額が大きいので、W社とCさ
んは工程ごとに分割払いすることで合意しました。

　さて、実際にW社が支払う金額は270万円ですが、これはワーカーに直接
支払うのではなく、クラウドソーシングサービスへ支払います。その中から
サービス側が所定のシステム利用料を差し引いた残りをワーカーに支払いま
す。当プロジェクトのシステム利用料は約17万円だったので、Cさんが受け
取る報酬額は約250万円です。CさんはSIer時代に月単価80万ぐらいで働い
ていたので、3ヶ月で完成できれば問題ない金額だと考えて提示額を決定し
ました。

> Point! ○●●◦
> ● 工程と成果物に対して見積を行うのはお互いのため
> ● 工程と責任の範囲を明確にするのもお互いのため
> ● 応募前（発注前）にそれらを相談するのもお互いのため

 ## スケジュールと進捗状況の共有

　発注者が用意するべきスケジュール表は、プロジェクトの開始から終了ま
でを月単位で大まかに表現したマスタスケジュールです。マスタスケジュー
ルは社内での情報共有だけでなくワーカーとの間で大まかなスケジュールの

認識がずれないように共有しておく楔（くさび）の意味も持ちます。

マスタスケジュールの例

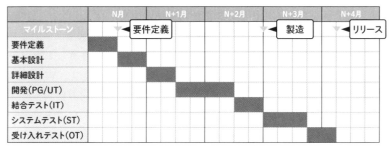

マイルストーン	N月	N+1月	N+2月	N+3月	N+4月
	▽ 要件定義			▽ 製造	▽ リリース
要件定義	■				
基本設計		■			
詳細設計		■			
開発(PG/UT)			■		
結合テスト(IT)			■		
システムテスト(ST)				■	
受け入れテスト(OT)					■

重要なイベント（マイルストーン）を
記載しておこう

　しかし、マスタスケジュールでは開発の進捗状況を細かくチェックすることができません。そこで、ワーカーが見積と一緒に128ページのような工数の根拠となる資料を提示している場合は、それを元にワーカーに**日単位や週単位の詳細スケジュール**を作成してもらいましょう。工数の資料が提示されていない場合でも、ワーカーに詳細スケジュールの作成を依頼しましょう。なぜなら、詳細スケジュールなしで開発することはできませんし、詳細スケジュールを作成するためには工数見積が必要だからです。もしもこの段階でワーカーが、自分が作成した詳細スケジュールに無理があると感じたならば、工数見積のやり方が適切ではなかったことになります。その場合、工数不足の責任はワーカーにありますので、稼働を上げて穴埋めする誠意が求められます。しかし稼働を上げても間に合いそうにないことが明確な場合は、失敗するまで開発を進めるよりも、見積が不適切だったことを認め、発注者に誠心誠意の謝罪をして発注の取消（契約のキャンセル）を行ってもらいましょう。本当に発注者のことを考えるなら、被害が大きくなる前に事を収めることに目を向けるべきだからです。

Point!

マスタスケジュールを作成する目的は、プロジェクト全体を俯瞰することであり、個々の作業スケジュールを把握することではありません。その代わりに、開発工程の節目や中間目標となるマイルストーンを記述します。

詳細スケジュールの例

▽ 進捗報告　■ 予定　□ 実績

大分類	中分類	小分類	YYYY年N月													
---	---	---	1	2	3	4	5	6	7	8	9	10	11	12	13	14
								▽						▽		
PG	ログイン	ログイン	■													
		ログアウト		■												
	メニュー	メニュー			■											
	従業員登録	登録機能				■	■									
		削除機能						■								

進捗報告の予定を
可視化しよう

● 進捗報告のタイミング

　スケジュール通りに開発が進んでいるかどうかを確認するために、毎週1回など進捗報告のタイミングを設けることをプロジェクト開始時に両者で決めておき、詳細スケジュールに反映しましょう。定期的な進捗報告で、**両者が責任感と緊張感を持って同じゴールを目指して協力できる関係を維持することが重要**です。

> Point!
>
> 自主的な進捗報告や相談をしないワーカーだと発注者は「本当にできるのか？　要求は満たされているのか？」と不安になります。積極的に報告・相談をするワーカーのほうが安心して仕事を依頼できます。

04 工程③
開発（設計・製造・テスト）で失敗しないためには？

技術と経験が豊富なワーカーに依頼しても開発が失敗するのはどうして？

隠れた仕様を早期に発見できないと、どんな計画も失敗するよ。W社の失敗例から対策を学ぼう

プロトタイプの重要性

　Cさんはスケジュール通りに設計工程を進めていきましたが、承認履歴一覧機能の設計書レビューをW社に依頼したところ、困ったことになりました。

Aさん

仕様書を見る限り、過去に承認したすべての申請書が表示されるようですが、第何期の申請書だけ絞った検索はできないでしょうか？

Cさん

要件定義書には「ログインユーザーが承認した申請を検索できる」とありますので、期で絞る仕様は含めていませんでした

Aさん

そうですか。追加はできますか？

Cさん

第何期がいつからいつまでを指すのか、また、申請日と承認日のどちらを条件とするのか、といった要件を決める必要があります

Aさん

では期首日と期末日を設定する画面を追加すればできますか？

Cさん

そのためにはデータベース設計をやり直す必要があります。基本設計が終わるまでに仰っていただかないと…

Aさん

それなら、データベースを変更せずに申請日と承認日それぞれいつからいつまでの分を検索、というようにできませんか？

Cさん

申請日と承認日はデータベースに項目があるので（技術的には）できます

Aさん

よかったです！　ぜひお願いします！

Cさん

絞り込みは要件になかったので工数とスケジュールに影響が出ます。納期と見積も変ってくるのですが…

Aさん

さっきできると言ったではありませんか？　やってください

　実はW社内ではワーカーとのやり取りはAさんに任せきりでした。さすがに要件定義書はK社長もT部長も確認していましたが、基本設計や詳細設計の成果物レビューは（専門的な文書は自分にはわからないから見ても意味がないと思って）すべてAさんに任せていたのです。Aさん自身もきちんとレビューができるのか不安でしたが、業務命令なので「社長も部長も一緒に参加してください」と言えませんでした。

　要件定義レベルの要望しか頭にないT社長とT部長が想像していた画面イ

メージと、要件定義書に基づいてCさんが作成した詳細設計書の画面イメージは次のように違っていました。

画面イメージの認識

確かに絞り込みできた
ほうが便利だけど…

　W社は「期」「申請日の期間指定」「承認日の期間指定」と、ログインユーザーが複数部署を兼務している場合は「所属部署」で絞り込み検索できることを期待していたのです。Cさんは開発のプロですが超能力者ではないので、相手がどこまで期待しているか頭の中を覗くことはできません。システムに期待することはきちんと要件定義に盛り込まなくてはなりません。**要件定義書は開発者が作成することが多いとはいえ、発注者はそこに書かれていることの正誤を判断するだけでなく、書かれていない要件があれば追記する（または追記をお願いする）責任があります**。W社はそれを怠りました。

　結局Cさんは、申請日と承認日を期間指定して絞り込み可能とする仕様を受け入れました。

●なぜこうなったのか？

　原因は2つあります。1つ目は、W社内の問題です。システムのことに詳しくないことを理由に、重要なレビューをAさん一人に任せてしまったことです。そもそもW社内では165ページのようなプロジェクト体制図がありません。K社長もT部長も、システムに詳しくないからこそ、自分たちもレ

ビューに参加するべきでした。3人でレビューすれば、誰かが見逃した漏れも他の人が気づけたかもしれません。

　2つ目は、人は書かれていることに対する正誤を判断できても、**書かれていないことに気づくのは難しい**ということです。期や指定期間、部署などで絞り込み検索できるという仕様は、設計工程で決めることではなく、要件定義で決めることです。W社はCさんが作成した要件定義書の「ログインユーザーが承認した申請を検索できる」という記載が、W社が募集要項に記載した仕様をそのまま反映したものであることから、何の間違いもないと判断して要件定義書を承認しました。**どのような条件で絞り込み検索できるようにするのかが書かれていないことを見落としていた**のです。いえ、もしかすると、検索条件など細かいことは設計工程で（Cさんが）考えるのだと思って承認したのかもしれません。

●効果的な対策は？

　システム開発に慣れていない発注者に要件や仕様を正確に伝えるには、システム的な図を交えた要件定義書や、その機能のことだけが書かれた設計書だけでは足りません。読み手に一定の経験・スキルが求められるからです。

　そのような場合は、実際のシステムの画面に近い見た目のプロトタイプを作成して、発注者がプロトタイプを見たり操作したりしながら要件や仕様の認識があっているかどうかを確認できるようにすることが効果的です。できれば要件定義の工程で作成することが望ましいです。

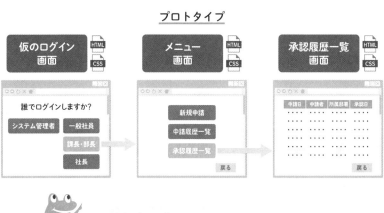

プロトタイプ

検索ボタンがないことに
気づけるね

プロタイプはなるべく時間をかけずに作成することが重要です。たとえばログイン画面にはデータベース接続を必要とする認証機能などは実装せずに、仮のログインボタンを配置し、クリックしたボタンに応じた仮のメニュー画面へ遷移させます。図の承認一覧のように検索結果を表示する画面には、検索機能は実装せずに仮のデータを最初から表示しておきます。

　これなら、システムの専門用語を目にすることもなく、複数の設計書を見比べて仕様の整合性や漏れを探そうとしなくても、システムのイメージを共有することができます。

> Point!
>
> **仕様書（要件定義書や各種設計書）は、読む人の経験や観点によって伝わる情報の内容と正確さが異なります。お互いの経験がわかりにくいクラウドソーシングでは、要件と仕様の認識合わせにプロトタイプが効果的です。**

仕様書の漏れなのか要件の漏れなのか？

　K社長は承認履歴一覧の検索条件について要望の一部しか取り入れられなかったことに不満があったのか、代替案としてCSVダウンロード機能を要望するようAさんに指示しました。承認日を期間指定して検索した結果をダウンロードできれば、期ごとの承認データをエクセルで自由に加工することができるからです。Aさんはためらいましたが、社長命令なので何も言えず、またCさんともめることに…。

Aさん

検索結果をCSVにするのは技術的に難しいことですか？

Cさん

いえ、一般的なことなので難しくはありません

Aさん

よかった。ではお願いできますか？

検索結果のダウンロードは要件にありませんが…

Cさん

無理を承知でお願いしています。期で絞り込む代わりに
なるので

Aさん

　Aさんの主張は、W社の都合だけを考えれば理にかなっていますが、実は
K社長のアドバイスでした。K社長は次のように考えていました。

> 要件定義の失敗（検索条件の要件を伝えなかった）は設計で挽回するべきである。
> そうでなければ設計の意味がない。だから、CSVダウンロードは追加要件ではな
> く設計への協力、つまり善意の提案である。実質的に期で絞る仕様の代わりにな
> るのだから、Cさんに拒む理由はないはずだ。拒むならば別の案を考えるのがプ
> ロの開発者の責任ではないか？

　CSVダウンロード自体は難しいことではありませんが、これを受け入れる
と、要件定義の不備を開発者に押し付ける前例を作ることになり、他の機能
の設計書でも同じように「協力」という名の追加要望を迫ってくるのではない
かとCさんは危惧しました。

困っているようだね

W社は要件の漏れを設計でカバーさせようとしているよ
うだ

Cさん

要件定義は工数と見積、ひいては契約の条件ともいえる
から、これが変わるなら納期や報酬額も変わらなければ
不公平だよね

そのとおり。でもW社は自ら契約の条件を反故にしようとしている自覚がないみたい。一生懸命に要望を実現できる方法を考えている姿勢だけは伝わってくるんだけど

Cさん

できないこと（不公平な条件に契約を曲げてでも要望を実現しようとすること）をしようとしているって、わからせてあげたら？　募集要項よくみてごらん

　W社が掲載した募集要項には「できることできないことを根拠立てて説明できる方」と書いてありました。今まさにW社は自覚なしに「できないこと」を通そうと一生懸命になっています。その間違いに気づかせてあげることができるのは、このプロジェクトでただ一人、開発のプロであるCさんだけなのです。CさんがこのW社が設計レビューを続けると、お互いの心象が悪化するばかりです。本当に相手のことを思って責任ある仕事を全うしたいのなら、CさんはW社にきちんと言うべきことを言わなければなりません。さて、Cさんはこの難局にどう対処するのでしょうか？

🔵 なぜこうなったのか？

　その前に、問題の原因をはっきりさせておきましょう。要件の漏れは発注者にもワーカーにも原因があります。ワーカーの原因は、ユーザーの業務に関する理解不足です。発注者の原因は2つです。1つ目は、伝えたいことをうまく言語化できないことです。これはシステム開発に慣れていなければ仕方がないことです。もう1つは、各工程の成果物を何のためにレビューするのか、その目的が社内のステークホルダー（特にワーカーとのコミュニケーション頻度が少ない経営層や上司）と共有できていないことです。

　システムは、抽象的な要件を具体的な機能に落とし込んで、機能を実現できる設計と実装を行うことで完成するものです。そのためには、各工程で作成した成果物を前の工程で決めたこと照らし合わせて、漏れや矛盾がないかどうかを確認しなければなりません。

　したがって、**設計書のレビューは、要件定義で合意した内容が漏れなく反映できているかどうかを点検する観点で行うべきであって、要件定義で伝え漏れたことがないかどうかを考えるためにあるのではありません**。この観点が間違っていると、発注者は好きなように設計書をレビューするので、いく

らでも要望が出てきてしまいます。しかも、要件定義の工程に巻き戻っている自覚もなく、一生懸命に設計工程に参加していると錯覚してしまうので、ワーカーとの関係は悪化する一方です。

　次の図のように、何と何を照らし合わせてレビューするのかを共有できていれば、本件は設計の問題ではなく要件定義のレビューが不十分だったと気づけたかもしれません。

INとOUTの整合性を確認する

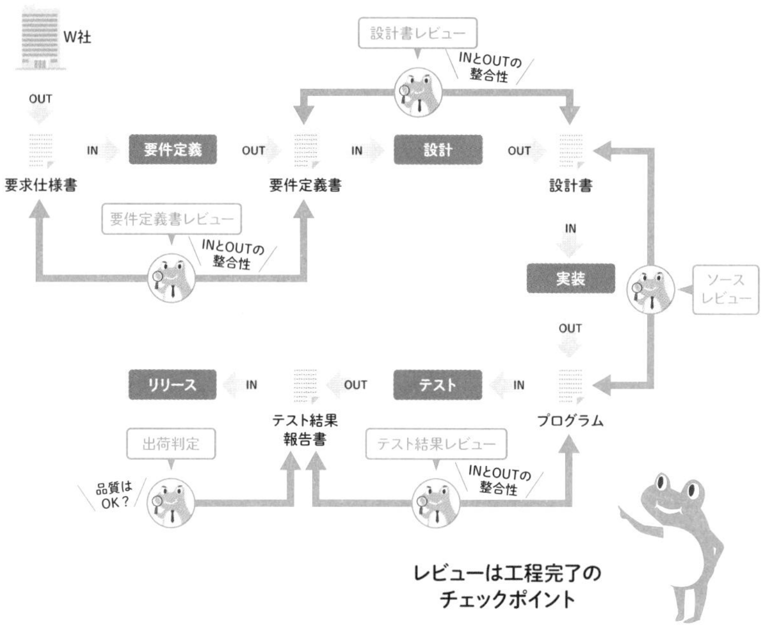

レビューは工程完了の
チェックポイント

Point!

開発が進んでシステムの形が見えるようになってから使い勝手のよい仕様を考えてワーカーに要望するのは協力とはいいません。予算とスケジュールを守って確実にシステムを完成させるために契約を交わしているのであって、前の工程に戻ることを前提に行き当たりばったりな進め方をすると、予算オーバーや品質不良、機能不足など、何らかの損害がユーザー側に跳ね返ってきます。前の工程に戻らずプロジェクトを成功させるためには、各工程で決めるべきことが漏れていないかをチェックし、決定・合意したことに責任を持たなければなりません。

● 効果的な対策は？

多くの場合、ワーカーのほうがシステム開発におけるリスクを熟知しています。ワーカーは「発注者はプロではないから自分でリスクを取り除くことができない」と考え、要件定義のなるべく早い段階で193ページの図が表していることを発注者に説明して「わかりました」の一言を引き出すことに全力を注いでください。説明の例文を示します。

> 原則として前の工程には戻りません。理由は、無駄な工数が発生することで御社に追加費用のご負担が生じてしまうからです。納期に間に合わなくなる原因にもなります。そうならないように、それぞれの工程で行う作業内容と作成する成果物をきちんと定めて、定めたとおりの成果物が作成されたかどうかを御社にもしっかりとレビューしていただき、内容に問題がないことを確認してから次の工程に進むようにご指示ください。ただし、レビューしても気づけないこともあるでしょうから、どちらか一方に完全な落ち度がある場合を除き、御社と責任を公平に分かち合いたいと考えています。たとえば要件の追加・変更・削除が原因で工数が増加してしまう場合は、納期の延長や報酬の増額、開発する機能の削減など、調整の方法をご相談させてください。

Point!

各工程の完了条件とレビューの目的について両者の認識があっていないと、必ず後の工程にしわ寄せがきます。工程が戻ることで生じた無駄（コスト）は、両者で責任を分担（納期延長、報酬増額、機能削減など）することを約束しておかないと、ワーカーが一方的に負う（赤字）ことになります。

結局Cさんは、CSVダウンロードの仕様追加を受け入れ、これ以上の仕様変更は納期と品質に影響が出ることを理由に、W社は要望の追加をやめ、レビューの観点を改めました。

工程④

05 運用・保守で失敗しないためには？

リリース後のシステム障害や機能追加が必要になったとき、どうしたらいいの？

作業が発生するたびに発注するのは難しいけど、年契約で月単位の分割払いにする方法があるよ

クラウドソーシングは請負契約

　原則として、クラウドソーシングサービスを利用した仕事の依頼は請負契約となります。**請負契約では、発注者が受注者に対して仕事をする場所や時間を指定したり、仕事の成果物の作成方法について当該業務に必要とされる限度を超えて指揮命令することが禁じられています（197ページ参照）。**つまり、ワーカーは自分で決めた時間に仕事をするというのが原則です。

　したがって、システム完成後の定期的なメンテナンス作業や、運用中にシステム障害が発生したときの原因調査や復旧作業などといった、不定期かつ作業量が不明確な仕事を通常の報酬方式（時間単価制や固定報酬制）で依頼しようと思うと、次のような問題が生じます。

- 作業が発生するたびに募集しなければならない。
- 同じワーカーに継続して依頼することが難しい。
- 障害対応など緊急性の高い仕事をすぐに依頼できない。

発注者にとっての理想は次のような発注方法ではないでしょうか？

- 開発を担当したワーカーに対応してもらいたい。
- 実際に行った仕事量だけ報酬を支払いたい（できれば定額で）。

- システム障害はすぐに対応してもらいたい。
- 運用の安定化のため1年単位で契約（年次更新）したい。

ワーカーは月給制の社員ではない

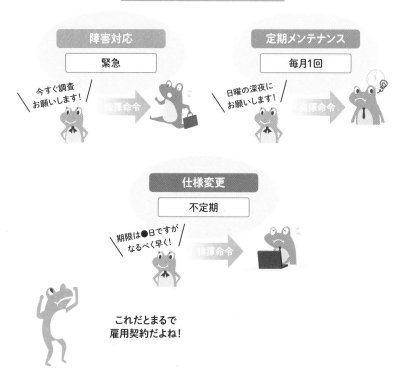

　残念ながら、このような労働形態は外注には適しません。ワーカーに労働時間を指定したり、必要以上にワーカーを拘束することになり、サービスの利用規約に抵触する可能性があるからです。

不定期かつ作業量が不明確な仕事の依頼方法

　このような場合、1年間の長期プロジェクトとして募集し、報酬を12回に分割して支払う方法があります。マイルストーン払い（段階払い）が利用できるサービスなら、毎月末にマイルストーンを設定すれば事実上の月額固定報酬になります。

　長期間同じワーカーに継続して依頼できるので、ワーカーにノウハウが溜まる分だけ正確な仕事が期待できるようになり、障害対応など緊急性の高い

仕事も（障害が発生してから募集することに比べると）速やかな対応が期待できます。

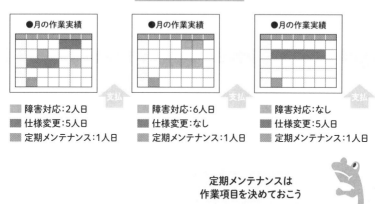

年間継続プロジェクト

定期メンテナンスは
作業項目を決めておこう

このとき発注者は次のことに気を付けなければなりません。

1. 具体的な指揮命令をしない
2. 月単位で検収を行う
3. 毎月の作業量が一定範囲内に収まるようにする
4. 月単位で仮払いをする

ひとつずつ解説していきます。

🐸 具体的な指揮命令をしない

　支払方法や募集方式がどうであっても、請負契約であることを忘れてはいけません。突然システムに障害が発生したからといって、サービス内のメッセージでワーカーに「今すぐ調査と復旧をお願いします」などと指示することはできません。なぜなら、すぐに対応してもらうためには、ワーカーが発注者の社内規定に定められた就業時間に従って常に作業ができる場所に待機し続けなければならず、作業時間と作業場所を（直接言わなくても）指示していることになるからです。**発注者と雇用契約を結んでいないワーカーに対してそのような拘束を適用するのはサービスの利用規約違反に該当するだけでな**

く、偽装請負（254 〜 256 ページ）と判断されることがあります。

月単位で検収を行う

　契約上は月ごとに仕事を発注していることになるので、ワーカーは毎月の仕事の成果物を発注者へ提出し、発注者は検収を行う必要があります。定期メンテナンスであれば、あらかじめ契約時に取り決めた作業項目に関する実施記録（報告書など）が成果物になります。障害対応であれば、ひとつひとつの障害について「発生日時」「原因」「修正内容」「修正日」などを記入した実施記録（障害票）が成果物になります。仕様変更であれば、変更した設計書とテスト結果報告書が成果物になります。

> Point!
> **不定期な仕事であっても、仕事をした証明として成果物を残すことが重要です。成果物がないと発注者は検収ができず、クラウドソーシングサービスへ（ワーカーに支払う報酬を）仮払いする根拠を失うからです。**

毎月の作業量が一定範囲内に収まるようにする

　実質的には月額固定報酬制ですが、雇用契約を結んだ正社員のように一ヶ月の労働時間について下限や上限を定めた契約ではありません。したがって、長期契約だからといって「依頼し放題」というわけではありません。

　もちろん、システムが安定して障害がほとんど発生しなくなれば月々の報酬額に対して作業量が少なくなることがあるので、「先月は障害対応が1件もなかったから、今月は仕様変更を何件かお願いしたい」ということもあるでしょう。しかし、重大な障害が発生したことが原因で、当月依頼されていた仕様変更をすべて完了できなかったとしても、ワーカーを責めることはできません。**優先すべき作業が発生した場合はそれを行い、本来予定していた作業に割り当てる工数が足りなくなった場合は翌月に持ち越すことを双方で協議して、なるべく毎月の作業量が一定範囲内に収まるようにしましょう。**

　システムの保守には予測が難しいイレギュラーな作業がつきものですが、たとえ作業が全く発生しない月があったとしても、発注者は契約に基づく報酬を支払う必要があります。ワーカーの時間を拘束することに対する見えない費用も含まれるからです。むしろ、ある程度工数に余裕をもたせておかないと、突発的な作業に対応できません。

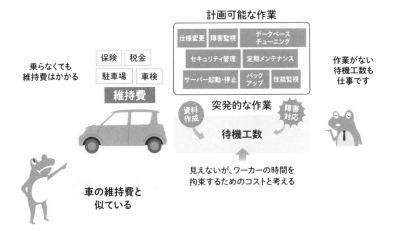

保守費用の考え方

計画可能な作業

仕様変更　障害監視　データベースチューニング

セキュリティ管理　定期メンテナンス

サーバー起動・停止　バックアップ　性能監視

保険　税金

駐車場　車検

維持費

乗らなくても
維持費はかかる

作業がない
待機工数も
仕事です

突発的な作業

資料作成　障害対応

待機工数

見えないが、ワーカーの時間を
拘束するためのコストと考える

車の維持費と
似ている

Point!

システムに問題が発生したときに対応できる体制を維持するということ
は、作業の量に関わらずワーカーの時間を拘束するということです。作業
に対してではなく体制の維持そのものに費用がかかると考えましょう。

●月単位で仮払いをする

　システムが安定稼働するようになると、月によっては障害対応も仕様変更
も発生しないことがありますが、**作業が発生しなくても発注者はクラウド
ソーシングサービスへ仮払いしなければなりません。**サービス側がワーカー
に支払う報酬の原資をストックしておくために、前もって発注者からサービ
ス側へ仮払いしてもらう必要があるからです。

　月単位の支払いは次の流れで行います。

①当月分を仮払い（発注者→サービス側）
②月末に納品（ワーカー→発注者）
③検収（発注者）
　前月分の支払い（サービス側→ワーカー）
①に戻る

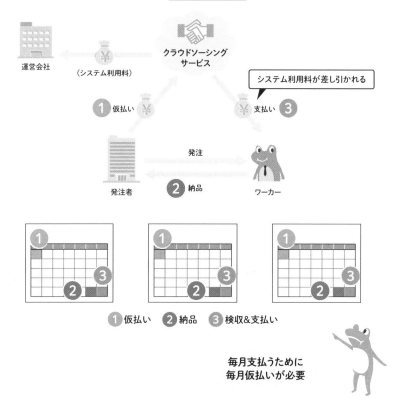

月単位の仮払い

運営会社 ←（システム利用料） クラウドソーシングサービス

システム利用料が差し引かれる

① 仮払い　支払い ③

発注者 発注 ワーカー

② 納品

① 仮払い　② 納品　③ 検収&支払い

毎月支払うために
毎月仮払いが必要

直接契約を持ちかけられた場合どうする？

　クラウドソーシングサービスは、契約形態に制限があること、システム利用料がかかること、ワーカーとのコミュニケーションツールを自由に選べないことなど、発注者にとって煩わしく感じる点もありますが、**サービスを通さない直接契約をワーカーに持ちかける（誘導する）ことは固く禁止されています**。当事者同士で契約されてしまうと、サービス運営会社はマッチングの場という価値を提供したにも関わらず一切の対価（システム利用料）が得られないからです。

　しかし、中には無知を装ってワーカーにサービス外でのやり取りを求める発注者もいます。以下はW社のシステム開発を完了したCさんとAさんのサービス内でのやり取りです。

Aさん

開発お疲れ様でした。リリース直後は何かと不具合も想定されますので、保守契約を結びたいのですが

Cさん

では別途募集要項を記載されたらご連絡ください

Aさん

作業内容や報酬について相談したいので、弊社HPの相談フォームからご連絡いただけないでしょうか？　折り返し、ミーティング用のURLをお知らせしますので

　このように、サービス内のメッセージで直接的に連絡先の電話番号やURLを記載せずとも、直接的なコミュニケーションへと誘導することが可能です。Cさんは違反行為に該当することを説明し、サービス内で別途システム保守の募集をかけていただくようお願いしましたが、Aさんは規約違反であることを本当に知らなかったようです。

　発注者もワーカーも、サービスの外でのやり取りを提案したり、それに類する発言をしてはいけません。そのような相手と取引すると、双方ともにサービスを利用停止にされる可能性があります。ただし、サービス側へ事前に申請して許可された場合に限り、ウェブ会議やオンラインでやり取りすることが認められることがあります。たとえば次のような場合です。

- 契約前に面談をしたい
- サービス内のメッセージに添付できない資料がある

Point!
業務の遂行にどうしても必要な場合を除き、原則として両者がサービス外で直接やり取りしたり直接契約することは厳禁です（利用規約違反になる）。

06 当プロジェクトのチェックリストと反省点は？

募集の段階から不安要素がいっぱいだったけど、プロジェクトとしては成功といえるのかな？

目的が達成できたという点では成功だけど、反省点が残ったね。チェックリストで振り返り、クラウドソーシングサービスを利用する場合の注意事項を整理しておこう

 要件定義の反省点

W社のプロジェクトにおける反省点をチェックリストに反映しました。

要件定義の反省点

チェック項目	文書化	合意
希望するシステムの目的、達成目標、要件、予算が明確か？	△	△
プロジェクトの目標がユーザーの課題解決方針と一致しているか？	○	○
プロジェクトの前提条件が明確か？	○	○
システム導入前の業務フロー図に現行業務の流れと課題が記載できているか？	△	△
システム導入後の業務フロー図に新しい業務の流れが記載できているか？	○	○
システムの機能要件と非機能要件が明確か？	△	△
要件定義書の記載内容を実現すればユーザーの課題が解決するか？	○	○
要件定義書の記載内容が技術的に実現可能か？	○	○
開発の作業範囲と工程別の成果物が明確か？	○	○
プロジェクトの完了条件が明確か？	○	○

　W社が最初に掲載した募集要項では、要求がまとまっておらず納期も予算もW社の希望だけが先行して現実性がありませんでした。また、W社内でプロジェクトの目標や要求事項を整理した文書も作成されておらず、業務フロー図もなく、すべてワーカーと相談して（ヒアリングをしてもらって）ワーカーが開発に必要だと言うものを作成してもらえばよいと考えていました。

　開発を発注した経験がないとはいえ、**ワーカーへの依存意識が強すぎることが要件定義への積極的な参加意識を妨げ、多くの反省点を生み出した**といえるでしょう。

　また、設計の段階で検索条件の要件漏れが発覚したことも、要件定義で機能要件が合意できていなかったことを意味しています。

　要件定義に関する注意事項をまとめます。

🔵 成果物と承認プロセスの明確化と共有

　どの工程から発注するのかに関係なく、プロジェクトの最初の段階で、すべての工程について次の点を明確にしてワーカーとの間で共有・合意することが重要です。

Point!

- 各工程の成果物（何を作成するか）を明確にする
- 成果物の粒度は、成果物単位でスケジュール化できる程度に分割する
- 成果物の承認プロセスを明確にする
- 発注者が関わるタスクと責任を明確にする
- 発注者のタスクが遅れるとどうなるか（開発全体が遅れるなど）、遅れた場合のリカバリ方法（納期を遅らせるなど）を明確にする

🔵 募集要項で気をつけること

　要件定義だけでなく設計・開発を依頼したい場合は、募集要項に次の点を明記することが重要です。

Point!

- 発注する開発工程
- 開発環境や開発条件
- 依頼の流れ
- 発注者が想定している工数（開発規模）
- 工程に応じた報酬の計算方法（固定報酬制、タスク制、時間単価制）
- ワーカーの選定基準（何を重視するか）

これらが募集要項から読み取れなければ、ワーカーは仕事の完成に必要な工数と費用を見積もることができず、応募したくてもできないからです。

費用見積・要員計画・スケジュールの反省点

W社のプロジェクトにおける反省点をチェックリストに反映しました。

費用見積・要員計画・スケジュールの反省点

チェック項目	文書化	合意
見積根拠（工数の根拠）が明確か？	○	○
実作業の工数だけでなく管理工数も含まれているか？	○	○
見積の前提条件が明確か？	○	○
全てのステークホルダーの名称と役割が体制図に記載されているか？	×	×
予算と仕様に責任と権限を持つステークホルダーと意思疎通できているか？	×	×
採用する開発プロセスについて合意できているか？	○	○
開発メンバーの役割と責任範囲が明確か？	○	○
リスクを考慮したスケジュールになっているか？	○	○
スケジュールが遅延した場合の対策についてユーザーと合意できているか？	○	○

プロジェクト体制図が作成されていなかったため、AさんとCさん以外の（W社内の）ステークホルダーが不明確です。W社の**想定以上の見積が出てきた場合に誰が諾否を判断するのか、その判断に誰が責任を負うのかが共有されていません**。

また、修正前の募集要項には依頼する工程もワーカーに求めるスキル・経験も記載されていなかったため、必要な要員が調達できなかったかもしれません。

スケジュールについても、W社が当初作成していたマスタスケジュールはW社が希望する納期から逆算したものであり、開発にかかる工数を根拠とした現実的なものではありませんでした。

費用見積・要員計画・スケジュールに関する注意事項をまとめます。

● 作業範囲と責任分担の合意

ワーカーが提示する見積が、自社が希望している予算以内かどうかで妥当性を判断するのは間違いです。要件定義でシステムに必要な機能（機能要件と非機能要件）、各工程でワーカーが担当する作業と作成する成果物を明確にし、それらに対してワーカーが算出した工数と期間を見て、ワーカーの人

月単価と生産性（開発スピード）を判断してください。そのためには、作業範囲と責任範囲を明確にして合意しておくことが重要です。

> Point!
> - システムに必要な機能に漏れがないか（見積の根拠になる）
> - 成果物の量と質、発注者の参加具合（ワーカーの作業量に関わる）

スケジュールと進捗状況の共有

　発注した仕事が完了するまで、進捗状況を定期的に確認する場を設けてください。少なくとも納期が1ヶ月以上先のプロジェクトでは、1週間単位で進捗確認をしましょう。ただし、終わった作業を報告するだけの場ではいけません。あらかじめ日単位まで作業を詳細化したタスクに対して、予定通りに進捗したのか、何日遅れているのか、その原因は何か？　といったことを報告・相談する場でなくては意味がありません。

> Point!
> - 定期的な進捗報告
> - スケジュールの詳細化（日単位までタスクを分割）
> - 遅延の原因とリカバリーの方法を協議

開発（設計・製造・テスト）の反省点

　W社のプロジェクトにおける反省点をチェックリストに反映しました。

開発（設計・製造・テスト）の反省点

チェック項目	文書化	合意
定例会や会議などで定期的にユーザーと課題を共有しているか？	○	○
課題の優先度、対応方法についてユーザーと合意できているか？	×	×
要望の扱いについてあらかじめ定めた手順に沿って対応しているか？	×	×

　検索機能について認識が合っていなかったため、要望（仕様変更）として取り扱うべきなのか、設計ミスとして取り扱うのか、W社とCさんの利害が対立した結果、Cさんが折れた形で決着しました。

これはチェックリストの項目に対する反省というよりは、工程の進め方について合意できていなかったことを反省するべきです。システム開発に対する発注者の習熟度がわからない場合、工程の完了条件と責任の公平な分担について、ワーカーから次のような説明をして合意を得ることが重要です。

発注者が成果物のレビューをして承認すれば次の工程に進むことができます。承認にはワーカーへ次の工程に進む許可を与えるだけでなく、発注者にも責任が生じます。つまり、承認によって完了した工程の成果物を変更しなければならないような事態が生じた場合、それはワーカーのミスではなくレビューのミス（漏れや誤りを指摘しなかった）という考え方です。その場合、工程が戻ったり仕様が増えて開発工数が増加することによってワーカーの負担が増え、提示した見積に対する報酬が実質的に目減りすることを意味しますので、納期の延長や開発する機能の削減、工数が下がるような仕様変更、といった方法で負担の公平な分担をお願いします。

● プロトタイプの重要性

そのような問題が発生するリスクを軽減する効果的な方法のひとつがプロトタイピング（早期にプロトタイプを作成すること）です。プロトタイプを作成すると次のようなメリットがあります。

Point!
- システムのイメージを共有しやすい
- 要件の漏れに気づきやすい
- 責任が明確になる

● レビューの目的

レビューは形式的に実施するだけでは意味がありません。次のような目的のために実施するのだということを双方が理解しておくことが重要です。

Point!
- 前後の工程のINとOUTの整合性を確認する
- 成果物の検収
- 工程完了のサイン

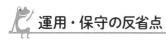

運用・保守の反省点

W社のプロジェクトにおける反省点をチェックリストに反映しました。

運用・保守の反省点

チェック項目	文書化	合意
定例会や会議などで定期的にユーザーと課題を共有しているか？	×	×
課題の優先度、対応方法についてユーザーと合意できているか？	×	×
要望の扱いについてあらかじめ定めた手順に沿って対応しているか？	×	×

　W社はシステム完成後の保守体制について最初は計画をしていませんでした。開発中の不具合は納品前に完全に修正されているはずだと考えたからです。プログラムに不具合がなくても、ハードウェアやミドルウェアの故障、セキュリティ障害などが発生する可能性はゼロではありませんし、運用を始めてから要望が出てくることも多いのです。

　今回の開発は3～4人月という比較的小さな規模だったため、必要最低限の機能しか搭載されていません。そのため、本当は実装したかった機能（要望）や、少し不便に感じる点（課題）がありました。それらについて今後どのように対応していくか、計画が後手に回ってしまいました。

　依頼したい保守作業の内容や、保守チームとの間での課題共有や要望対応の手順も策定していないまま、ワーカーに直接契約を持ちかけようとしたことからも、チェック項目はすべて×と判断されます。

　運用・保守をクラウドソーシングで依頼する場合の注意事項をまとめます。

> Point!
> - 依頼する作業項目を明確にして合意しておく
> - ワーカーに作業場所や時間帯など具体的な指揮命令をしてはならない
> - 月単位（マイルストーン単位）で検収を行う
> - 毎月（マイルストーン単位）の作業量が一定範囲内に収まるようにする
> - 月単位（マイルストーン単位）で仮払いをする

クラウドソーシングで良い人材を見つけるコツ

　発注者のほうから積極的にワーカーを探しに行く場合、次の観点で総合的に良いと思われる人を選ぶとよいでしょう。

- スキルを条件にワーカーを検索する（依頼したい仕事に必要なスキルを持っているか？）
- プロフィールページの経歴・実績・PR・所有スキルを確認する（依頼したい仕事と似た案件の経験があるか？）
- 本人確認済かどうか（信頼性、信用性）
- 応募メッセージが定型文ではない（誠実さ）
- 定期的な進捗報告を承諾してくれるか？（責任感）
- 契約前から質問をしてくれる人（積極性）

良い人が見つかったらスカウトメールを送ってみましょう。

応募を待つ場合は、次の点に注意して募集要項を掲載しましょう。

- 発注する開発工程を明記する
- 開発環境や開発条件を明記する
- 依頼の流れを明記する
- 発注者が想定している工数（開発規模）を明記する
- 開発規模に対して報酬と納期が妥当
- 工程に応じた報酬の計算方法（固定報酬制、タスク制、時間単価制）
- ワーカーの選定基準（何を重視するか）を明記する

　手間を惜しんで「詳しく書かなくても言いたいことを汲み取ってくれるワーカー」からの応募を待っているだけでは優れた人材と巡り合うのは難しいでしょう。

Chapter

05

フリーランスへ
直接発注する場合

フリーランスへ直接発注するシステム開発
を成功させるために発注者とフリーランス
がお互いに気を付けるべきことを、架空の
プロジェクトで解説します。

プロジェクトの概要と開発体制はどうなっている？

フリーランスに直接発注するとき、どのような開発体制が敷かれるの？

プロジェクトによって発注者と開発者のどちらが中心的な役割を果たすかが変わってくるよ。実際にあったプロジェクトを見てみよう

 ## プロジェクトの概要

　U社は、通信教育事業を展開する企業です。もともとは出版物による通信教育講座が主力事業でしたが、現在はインターネットでのオンライン講座にも力を入れています。

　このたび資格キャリア事業部のA部長は、書籍として出版している各種資格試験対策の書籍について、ユーザーがインターネットで模擬試験を体験できるCBTのウェブシステムを出版事業部と共同開発することを企画しました。

CBT（Computer Based Testing）とは、試験の申し込みから合否結果の通知まで、試験におけるすべての工程をコンピュータ上で行うことができるサービスのことです。受験者はパソコンやスマートフォン、タブレットなどでサービスにアクセスし、画面に表示される問題に対して解答します。実際の試験会場で解答用紙やマークシートに記入する筆記試験とは違って、繰り返し何度でも受験できたり、出題される問題をランダムに変えるなど、サービスを提供するシステム側の設定次第でさまざまな模擬試験を提供できるのが特徴です。

　実際の試験は、出題される問題も出題傾向も毎年変わっていきます。1回の試験で出題される問題数や制限時間、合否の判定基準も試験によって異な

りますし、解答方式も筆記やマークシートなど試験によって違います。

　U社が求めているのは、そのような違いに対応できるウェブシステムです。しかしU社には情報システム部門がなく、システムの設計から実装まで行えるSE（システムエンジニア）がいません。そこで、システム開発やプログラミング関連の書籍執筆を行っている著者の一人（Cさん）に企画の概要を伝え、CBTシステムの開発を依頼することにしました。

　外注費に充てる予算は、社内会議の結果100万円に決まりましたが、他社がどのくらいの予算でCBTシステムを構築しているか不明だったため、なるべく最初は機能を抑えて小さく開発し、システムの導入効果で売上が伸びれば段階的に機能を充実させていく方針になりました。

　次の図は、プロジェクトに関わる会社の関係を表しています。今回のプロジェクトの中心は、U社（発注者）の窓口を担当するB主任と、開発を依頼されたCさん（フリーランス）です。

プロジェクトに関わる会社

要件定義	U社	要件定義		開発
出版事業部		資格キャリア 事業部	発注 納品	開発者 Cさん

要件定義は
二部門が共同で行うよ

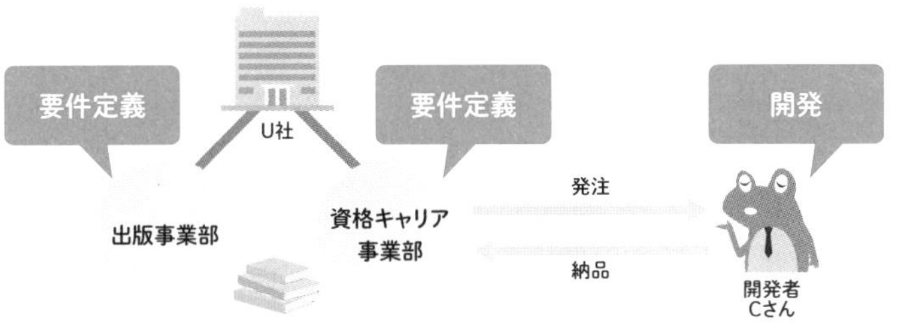

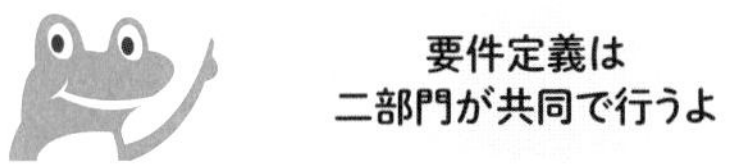

プロジェクトの体制

　自ら中心となってシステム開発を行った経験の少ない資格キャリア事業部ですが、社内へ当プロジェクトの企画・提案を行うにあたり、次のようなプロジェクト体制図を作成しました。

プロジェクト体制図

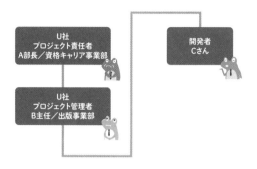

比較的小さなプロジェクト

　プロジェクト責任者は当プロジェクトの発起人であるA部長です。プロジェクト管理者は共同開発する出版事業部のB主任が担当します。開発者のCさんは、開発の全般を担当する外注要員です。

　Chapter03のプロジェクトと違って、プロジェクトリーダーがいません。開発はCさん1人で行うため、開発メンバーのスケジュール管理など本来PLが行うことをCさん自身が行うからです。

 ## プロジェクトの利害関係者（ステークホルダー）

　当プロジェクトのステークホルダーは体制図に記載されている3名です。それぞれの役割はChapter03、Chapter04と大きく違いはありませんが、Cさんは請負契約で開発を委託された社外のフリーランスであることから、Cさんが負う責任には明確な範囲があります。

● 発注側の主な利害関係者

● プロジェクト責任者（資格キャリア事業部／A部長）

　A部長は企画段階で出版事業部と何度も会議を重ねており、システムへの要求事項についてはU社内で認識が共有できていると考えていました。その後、社外のCさんへ企画の概要とシステムへの要求事項を伝え、開発にかかる概算費用と期間をヒアリングし、社内で承認を得て発注の手続きを行いました。

　A部長は当企画を立ち上げた当事者であり、部門のトップであることから、プロジェクトの成果に対して「システムの公開から何年以内に部門の売上を何パーセント向上させる」といった具体的な数値目標を達成する重責を担っています。これは、システムを公開しただけで達成できることではありませんので、自社の出版物や公式SNS、ウェブ広告などさまざまなマーケティング手法を使ってシステムの利用者を増やしたり、システムに書籍購入ページへのリンクを掲載するなどといった、開発後の施策についても部門としての方針を決定し、実行していく責任を負っています。

　もちろん、企画の当事者であるA部長自身が想像しているシステムが完成することが大前提なので、システムの設計を行っていく段階でCさんやB主任から質問があれば応じます。

● プロジェクト管理者（出版事業部／B主任）

　プロジェクトの進捗や予算の管理、要員調達、開発メンバーの業務負担の調整など、プロジェクトの遂行に責任を負う立場ですが、当プロジェクトは企画が承認された時点で予算・開発期間・発注先が決まっていたため、予算と期間内に開発が完了できるようにCさんと課題を共有し、頻繁に連絡を取って調整を図ることが主な役割になります。

● 受注側の主な利害関係者

● 開発者（フリーランス／Cさん）

　PMの下につくことから、実質的な役割としてはPLを兼ねます。そのため、プロジェクト管理者が策定したスケジュールどおりにプロジェクトを実行することに責任を負います。しかし、Cさんに委託された範囲は設計・開発・テスト・リリースまでなので、Cさんは要件に従ってシステムを設計し、実装することに責任を負います。

　要件定義は委託範囲外なので、システムの設計に必要な情報を何らかの形で（文書が望ましい）要件定義の成果物として作成する責任は（本来は）U社が負います。このことが後で問題になるのですが…。

　しかし、システム開発の工程と役割について58 〜 74ページのような概念を発注者と認識共有できていない場合（多くの場合がそうです）、開発者は自分の責任の範囲外だからといって沈黙していてはいけません。なぜなら、発注者が要件定義で作成すべきものを作成せずに設計を始めると、困るのは開

発者だからです。必要なINPUTが与えられないまま次の工程を行うことは
できません。そのことを受注前に発注者へきちんと伝えることが開発者には
求められます。これはPLだからというわけではなく、受注側の担当者（誰で
あっても）に求められる役割です。フリーランスへ設計と開発を発注する場
合は、フリーランス自身がその役割を果たさなければなりません。

社内共同プロジェクトの注意点

　複数の部門／部署で共同開発する場合、プロジェクト内での公平（発言権や意
思決定権）を期すために体制図を横並びにするべきではありません。横並びにす
ると指示系統が分かれてしまい、開発チームはどちらの指示に耳を傾ければよい
のかわからなくなります。一方が指示したことと違うことを他方が指示するよう
なことがあると、開発はうまくいきません。

　どちらかを上にするか、間に調整役を立てて、開発チームへの指示系統が一本
になるようにしましょう。

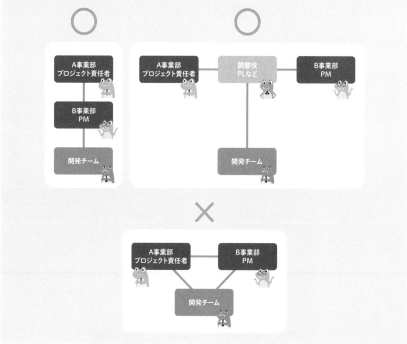

工程①
要求定義・要件定義で失敗しないためには？

発注者がシステム開発に慣れていない場合、要件定義でどんなことに気をつければいいの？

要件定義で作成すべき成果物の種類と詳細度は、開発者のスキルや開発するシステムの内容によって変わるから、開発者の協力を得て一緒に要件定義を行ったほうがよい。U社はこの点が少しまずかった

要件定義は本当に完了しているのか？

　期待するシステムの姿を画面のラフイメージで表現した資料を作成すれば要件定義が完了すると考える発注者が非常に多いです。確かにラフはシステムの大まかなイメージを伝えるために有効ですが、それだけでは足りません。

　もし、「この資料があれば設計を行えるのか？」という問いに対して「Yes」と答えられない場合は、そのまま開発者に資料を共有しても設計工程で必ず要件定義の不足を埋めるための工数・期間が発生します。この問いに答えるためには、システム開発における成果物と工程の関係（193ページの図）に基づいて「本当に足りているか？」を判断しなくてはなりません。それができるかどうかは、資料を作成する人に設計の経験があるかどうかにかかっています。自社に開発部門がない場合、**発注者が要件定義を「完了した」と思っていても、開発者から見れば「未完了」である場合が多い**のです。

●U社が用意した資料

　U社はCBTシステムの開発を依頼するにあたり、他社が公開しているCBTシステムを参考に、なるべく機能を簡略化したシステムのイメージをパワーポイントで作成しました。次の図は資料の一部です。

システムのイメージを伝える資料

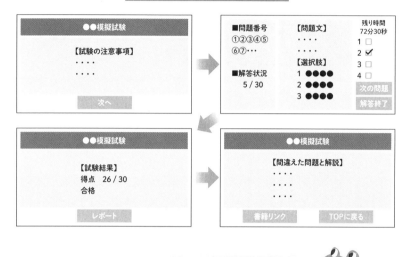

なんとなく
やりたいことはわかるけど…

この図を見ると、「こんな感じの画面」「こんな感じで画面が進んでいく」「このボタンを押したらこうなる」といった大まかなイメージは伝わりますが、これは発注者がイメージしているシステムの機能の一部でしかありません。

よく考えると、図には模擬試験の受験者が目にする画面のイメージしか記載されていないことがわかります。たとえば次のような場合にシステムがどのようにふるまうのかは読み取れません。

- 試験問題の登録はどこから行うのか？
- 模擬試験を受けるにはユーザー登録やログインが必要なのか？
- 「TOPに戻る」を押すとどの画面に戻るのか？
- ログインが必要な場合、パスワードを忘れたときどうすればいいのか？
- 受験者がブラウザの×ボタンを押して試験の画面を閉じたらどうなるのか？　もう一度画面を開いたら続きから再開できるのか？
- 受験者が（誤って）ブラウザの再読み込みボタンを押した場合、最初からやり直しになるのか？
- 合格点と出題数が異なる複数の試験を1つのシステムに登録できるのか？

「言われてみれば確かにそうだ」と感じる内容ばかりだと思いますが、このような疑問は、次のような観点をもってシステムの姿をイメージしないと、漏れなく洗い出すことが難しいでしょう。

1. システムを操作する人は誰か？（受験者だけではない）
2. イレギュラー（例外的）な操作をしたらどうなるか？
3. 情報の公開範囲（ログインしなくても受験できるのか？）

特に**イレギュラーな操作については、システムとしては必ず想定しておかなければなりません**。「操作したら予想外のことが起こった」では済まされないこともあるからです。

U社はできる限りわかりやすく伝えようと資料を作成したのですが、発注直後に1～3の観点からシステムの要件を整理しなおすことになり、設計期間が当初の予定よりも伸びてしまいました。

設計工程で要件定義をやり直す

| 当初の計画 | 要件定義 | 設計 | 実装 |

| 設計期間が延びてしまう | 要件定義 | 要件定義 + 設計 | 実装 |

要件定義の精度に問題があるとこうなる

　プロジェクト全体として作業が遅れたわけではないので問題ないと思われるかもしれませんが、U社は設計以降の工程をCさんに発注したので、Cさんの作業が増えたことになります（CさんがU社の社員であれば予定外の時間外労働をしたことになります）。Cさんは外注要員なので、見積に含まれていない作業に関わった分の費用について協議する必要が出てきました。

<u>U社とCさんの主張</u>

> 設計工程からお受けしましたが、
> 要件定義に相当する作業も同時に行いましたので、
> 再見積もりさせていただきたいのですが。

> 確かにシステムの仕様を詰めていただきましたが、
> それは設計作業に含まれるのではないですか？

> 仕様だけでなく要件を確定させるために
> 資料の作成や打ち合わせを何度も行いましたので、
> 要件定義の費用を請求させていただきたいのです。

> う〜ん、少し社内で検討させてください。

工程の認識が
ずれているね

　U社には要件定義と設計の明確な違いがわからなかったので、話は平行線となりましたが、受け入れテストの準備として試験問題を登録する作業をCさんの代わりにU社が行う交換条件で合意しました。とはいえ、Cさんが行った要件定義と試験問題を登録する作業が費用価値として釣り合っているかどうかという点ではCさんが大きく損をしています。登録作業は誰にでもできますが、要件定義は技術と経験を要するからです。

● なぜこうなったのか？

　原因は、U社が作成した資料にシステムの一面しか反映されていなかったことにあります。発注する前にU社内で認識が共有できていたシステムの姿は、資料に反映されていることがすべてであり、反映されていない機能や仕様は見えていなかった（気づくことができなかった）のです。

　次の図は、U社の資料をもとにCさんが設計工程の成果物として作成した

画面遷移図の一部です。画面遷移図は基本設計で作成することが多い重要な成果物です。CさんはU社の資料を見て感じた疑問点をひとつひとつU社に確認し、U社が適切に判断できそうにないことは受験者や運用担当者にとって使い勝手がよいかどうかといった観点から「こういう理由で、このような仕様がよいと思いますが、いかがでしょうか？」と提案を行ってU社から回答をもらい、それらを設計上の仕様として画面遷移図に書き足しました。

仕様を盛り込んだ画面遷移図（公開画面）

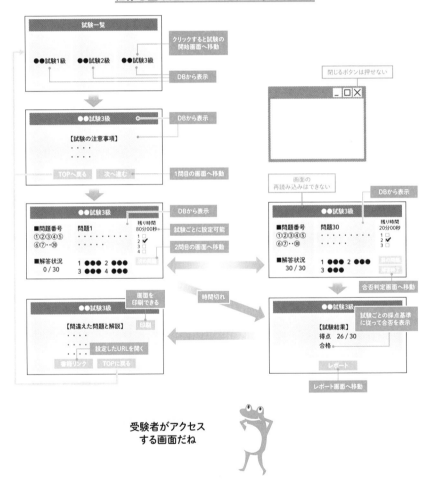

受験者がアクセス
する画面だね

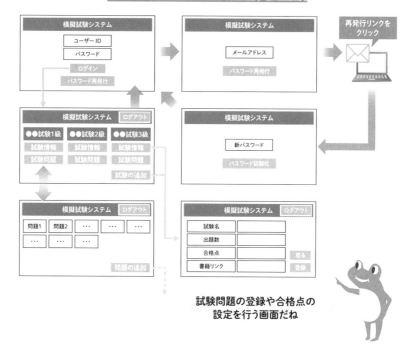

仕様を盛り込んだ画面遷移図（管理画面）

試験問題の登録や合格点の
設定を行う画面だね

U社が作成した資料との違いは次の点です。

- 管理者が試験問題の登録を行う操作フローが含まれている
- 管理者向けのログイン機能が必要であることが読み取れる
- パスワードを再発行する機能が必要であることが読み取れる
- 受験者はログインが不要であることが読み取れる
- 試験の画面は閉じられないことが読み取れる
- 合格点と出題数が異なる複数の試験を1つのシステムに登録できることが読み取れる
- ボタンやリンクがどこにつながっているのかが読み取れる

🐸 効果的な対策は？

　発注者は、目指すシステムの姿を資料にすれば要件定義が完了すると考えないことです。多くの場合、それは要件定義ではなく要求仕様です。要件定義は開発者の協力を得て共同で行う工程であることを理解しておくことが重

要です。

　発注する工程も、「開発」のひとことでは開発者に作業範囲が正しく伝わらないので、「要件定義・設計・実装・テスト・リリース」のように、**要件定義と設計が別の工程であることを明確**にしましょう。そうすると、開発者も要件定義をきちんと完了させることを前提に準備ができますし、作業量に見合った根拠ある見積を提示することができます。

　開発者も、発注者から提示された資料から読み取れることをそのままシステム要件として受け入れるのではなく、むしろ「設計経験のない人が作成したものだから必ず間違いや漏れがあるはずだ」という疑いをもって読むべきです。そして、もっと合理的な実現方法や、もっと無駄が少なく矛盾が生じにくい仕様を考えぬいて、発注者に伝わりやすい資料を要件定義の成果物として作成することが重要です。

　そうして作成した資料をINPUTとして設計工程を開始すれば、発注者に見えていなかった機能・仕様・矛盾などが解消された状態で設計を行うことになるので、設計工程の中で要件定義に戻ったり、完成直前に重要な要件の漏れが発覚するといったリスクを軽減することにつながります。

開発者と連絡を取りやすいメリットを活かそう

　クラウドソーシングを利用してワーカーに開発を依頼する場合は、原則としてサービス内のメッセージ機能を使ってやり取りしなければならず、容量の大きい資料が添付できなかったり、対面の打ち合わせが自由にできないなどコミュニケーション方法に大きな制約があります。しかし、直接フリーランスに発注する場合はそのような制約がありません。直接電話してもよいですし、ChatworkやSlackなどのチャットツールでやり取りすれば、資料の添付もできますし、オンラインのビデオ通話で会議することも可能です。

　このことは、単に連絡が取りやすいというだけではなく、発注者と開発者の接触回数と頻度が多くなることによってお互いの信頼関係を構築しやすいことに大きなメリットがあります。あなたが発注者なら、こちらから聞いたことにしか答えてくれない人よりも、予算や品質、リリース後の保守や機能追加への柔軟性など、システムの将来のことまで考えて積極的に提案をしてくれる相手のほうが信頼できるでしょう。あなたが開発者の場合も、自分のことをどのように思っているかわからない相手に提案・交渉をするよりも、

何度もチャットや会議で対話を重ねた相手のほうが、丁寧で正確な仕事をしたいと強く思えるでしょう。

　技術・経験・コミュニケーションスキルの三拍子がそろった優れたフリーランスに出会えたとしても、自社のシステム開発のためにその能力をどれだけ発揮してもらえるかは信頼関係次第だということを発注者（特にフリーランスと直接やり取りする立場の人）はしっかりと認識しておきましょう。

Point!

システム開発が成功するかどうかは、上流工程で決めるべきことを漏れなく決めることができるかどうかにかかっているといっても過言ではありません。フリーランスへ直接発注する場合は、発注前に必ず打ち合わせの場を設けて、自社が用意できる情報（資料など）と、要件定義で何を作成する必要があるかについて開発者と相談して決めましょう。そのうえで要件定義を共同で行えば、それ以降の工程で手戻りが発生したり後から要件が増えて工数オーバーや納期延長に陥るリスクを大幅に削減することができます。

工程②
費用見積・要員計画・スケジュールで失敗しないためには？

フリーランスが提示する見積が人によってかなり違うことがあるのはどうして？

フリーランスは発注者の目には見えないリスクを抱えて仕事をしていて、それが見積に反映されるんだ。U社のプロジェクトで見ていこう

費用見積は最小と最大で提示してもらう

　クラウドソーシングに登録せず価格競争を抜け出し、個人で活躍するフリーランスの中には、自身の技術や経験に相応しい単価で仕事をしている人が少なくありません。そのため、発注者の期待よりも高い見積が出てくることがあります。見積の根拠が工数である点は変わりありませんが、同じ工数でもその単価には広い意味での技術力（開発能力、コミュニケーション能力などの目に見えない付加価値）が乗っており、その価値は客観的に測ることが難しいものです。

　そもそも、そういったフリーランスは時給で仕事をしていないので、見積を人月単価に換算した金額に対して発注者が希望価格と比べて「高い、安い」を言ったところで意味がありません。

　では、発注者はフリーランスが提示する見積の妥当性をどうやって判断すればよいのでしょうか？　ひとつの方法は、「開発してほしいシステムと同じくらいの規模の開発実績があれば、およその費用感と工期を教えてください」と伝えることです。その際、重要度の低いいくつかの機能をピックアップして、それらを実装する場合と実装しない場合の概算見積を（比較のために）提示してもらうとよいでしょう。

　U社はCさんに開発を依頼するのは初めてでしたが、Cさんがウェブ開発

に関する出版実績が多いエンジニアであることから、システムの企画段階で相談し、「開発期間は3ヶ月あれば十分、概算費用は100万円前後」との回答をもらっていたため、費用面での大きなトラブルはありませんでした。しかし、U社のA部長は後日、「こんなに早く完成するなら、もっと多くの機能を要望すればよかった」と思いました。

　実際、Cさんは設計段階で要件の整理を同時に行ったため、その後の工程がスムーズに進み、当初の想定よりも短い期間で開発が終了しました。実際にかかった期間は約1ヶ月で、内訳は次の通りです。

- 設計（要件の整理を含む）…2週間
- 実装・テスト…2週間

　Cさんは人月単価100万円/月の仕事をしたことになりますが、3ヶ月かかった場合は33万円/月なので、もしこれが開発に半年かかる規模のシステムだったら、U社が支払う報酬額は200万円〜600万円の幅があったことになります。結果的にU社は短期間で希望するシステムが完成したので満足していますが、見積が妥当だったのかという点では疑問が残っています。

なぜこうなったのか？

　フリーランスが提示する見積には次のようなリスクを金額に置き換えた要素が含まれることがあります。単純に、依頼された仕事をこなすために必要な工数を金額換算した費用だけではありません。

- 先に受注している仕事のスケジュールを後ろにずらす（本来はもっと早く納品できていたはずのお客様に待ってもらう）
- 次の仕事の開始を遅らせないために稼働時間を上げる（深夜や土日も作業）

　Cさんは仕事が途切れないようにスケジュールを常に埋めていますが、個人で仕事をしているので、スケジュールが重なるとどちらかの仕事が約束どおりの期日に完了できなくなり、お客様に迷惑がかかってしまいます。そのため、基本的には受注した順番にスケジュールを確保しますが、納期を送らせても待ってもらえる仕事は先に受注していたとしてもあえて後ろにずらすなどして、どのお客様にも迷惑がかからないように調整しています。

次の図はU社から相談を受ける前後のCさんのスケジュールです。

Cさんのスケジュール

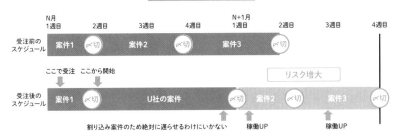

スケジュールに
余裕がなくなるね

　U社の案件を受注したN月1週目の時点では先行案件1の対応中でした。すぐ後には案件2と案件3が控えていましたが、この2つの案件は最終納期が翌月だったため、後ろにずらすことにしました。本当は少しでも早くお客様に使っていただくために当月中に完了させたかったのですが、U社の案件は3カ月以内にシステムが完成しなければU社がビジネスチャンスを逃してしまうという理由があったので、スケジュールに割り込ませることにしました。

　スケジュール通りに進行すればすべての案件が納期に間に合うので問題ありませんが、もともと案件2と案件3は納期よりかなり早めに完了させる予定だったので、遅延のリスクはほぼゼロでした。しかし、U社の案件を割り込ませたことで、案件2と案件3は当初の計画よりも短い期間で完了させなければならなくなりました。工期の短縮は稼働時間を増やして対応できる範囲ですが、もしもU社の案件で「納期延長を前提とした仕様変更」が発生すると、徹夜しても案件2と案件3の納期を守れなくなってしまいます。U社の案件が予定どおり当月末に完了した場合でも、もしも案件2または案件3で仕様変更が発生すると、やはり納期が厳しくなってしまいます。

　このように、仕掛中の仕事を抱えているフリーランスは、受注したその日から作業を開始できるとは限らず、受注するだけで他の仕事にもリスクが分配されます。このリスクが現実のものとなった場合、フリーランスは既存の取引先に納期を遅らせる交渉をすることになり、承諾を得たとしても取引先

の信頼は下がります。「この人は技術力は確かだけれど、ときどき納期が遅れる。忙しいなら今度から別の人に依頼することも検討しようかな。」と思われてしまうと、将来にわたって受注できていた可能性のある仕事を逃してしまうことになります（逸失利益）。このリスクは後から受注した案件の見積に金額として転嫁するしかありません。先に発注してもらった取引先には何の責任もないからです。

　Cさんは最初にU社へ「3カ月あれば十分」と伝えましたが、これは3カ月以上かかるとU社がビジネスチャンスを逃してしまうことを受けての発言であり、実際に3カ月もかかる規模の開発だとは思っていませんでした。Cさんの想定は最初から「1ヶ月以内に完成」だったのです。そのためには、要件定義を最初からやり直すのではなく、設計工程の成果物に要件を書き込むことによって工数を圧縮し、合計4週間で開発を終えることが可能な仕様に落とし込む必要がありました。幸い、U社の要望はシンプルだったため、開発工数を左右する細かな仕様についてはCさんが主導権を握ることができ、1ヶ月で開発を終えることができました。その結果、実質100万円/月の単価で受注したことになります。

　したがって、A部長が懸念したようにCさんの見積が根拠のない大雑把なものだったわけではありません。このプロジェクトが半年かかる規模だったなら、Cさんは最初から先行案件をすべて完了してから開発をスタートするスケジュールと見積を提示していたでしょう。その場合、U社の案件を対応している半年間は他の仕事を入れることができないので、今回のようなリスクは生じず、見積は300 〜 420万円（50万円/月〜 70万円/月）の幅に収まる可能性が高くなります。

● U社はどのように見積をとるべきだったか？

　フリーランスが提示する見積は、個人または発注のタイミングによって大きく異なる可能性がありますが、これはフリーランスの仕事の仕方によるものなので、個人の人月単価や、先行案件のスケジュール変更にかかる料金を聞いても（相場がないため）他と比較することができません。他のフリーランスと比較して「高い、安い」を言ってもあまり意味がありません。どうしても気になる場合は、次のように遠回しに聞くとよいでしょう。

A部長

開発にかかる期間は最短と最長でどのくらい想定していますか？

最短で１ヶ月、最長でも３カ月あれば十分です

Cさん

では見積は最短の場合と最長の場合の両方を提示してください

A部長

わかりました

Cさん

Point!

- フリーランスの人月単価は発注時のスケジュール状況によって変わる
- 短期案件のほうが見積金額が低いとは限らない（短期だからこそ他の仕事のスケジュール調整に伴うリスクが大きく、見積が上がることがある）
- タイミングによっては同じ人に発注しても人月単価は異なることがある
- そもそもフリーランスの能力は人月単価だけで測ることができない

なるほど、フリーランスのスケジュール調整は難しそうだね。案件の対応順以外に気をつけることはある？

事前にシステムへ登録しなければならないデータがある場合、いつデータが用意できるかがスケジュールに影響することがあるよ

事前登録データは設計開始前に用意する

　システムが動作するために必要なデータは、設計工程が始まる前に用意するスケジュールを立てることが重要です。

　U社の案件に対応するため先行案件の納期調整を行ったCさんでしたが、テスト開始の前日にU社から受領したテストデータをシステムに登録しはじ

めたところ、プログラムの仕様を変更しなければ動作しないデータが存在することに気づきました。

　すでに開発は終盤に入っており、ここでテストが遅れると、納期調整を行った先行案件がさらに遅れることになり、お客様にさらに迷惑をかけることになってしまいます。稼働を上げて間に合う範囲であればよいのですが、プログラム変更をしている間は一切テストを進められないので、Cさんは困りました。

　そこでCさんは、副業でデータ登録の経験がある家族に残りのデータ登録を手伝ってもらい、プログラム変更とデータ登録を並行して進めることで遅延なくテストを終えることができました。

● なぜこうなったのか？

　直接的な原因はデータ仕様の確認不足ですが、根本的な原因はステークホルダーがプロジェクト体制図に登場しておらず、U社とCさんの間で共有できていなかったことです。

　U社は実際の試験データが発注までに準備できないことがわかっていたため、テストのために仮の試験データを用意してCさんに渡しました。ところが、仮の試験データには実際の試験データに存在する複数の解答方式のうち一部しか含まれていなかったため、設計に漏れが生じてしまったのです。

　しかし、データの準備を早めることはできませんでした。実際の試験データは出版事業部が準備を進めている試験対策書籍の著者に作成を依頼しているため、システムの開発スケジュールに合わせて執筆作業を早めてもらうことはできませんでした。この点について次のようなやり取りがありました。

Cさん

テスト開始までに試験データをご用意いただけますか？

B主任

関連書籍の執筆が遅れておりまして、もう少しかかりそうです。私のほうで仮のデータを用意しますので、それでテストしていただけますか？

Cさん

わかりました

　ここで大事なのは、開発に直接関わってはいないステークホルダー（当該模擬試験の対策書籍を執筆している著者）が存在していたということです。Cさんはこの人の執筆スケジュールを知りませんし、登録用の試験データをU社がどのように手配するのかは一切知らされていませんでした。

● 効果的な対策は？

　テストを実施するために事前にデータを登録しておかなければならないシステムを開発する場合は、**データを誰がいつまでに用意するかをプロジェクト関係者で共有し、用意する人が開発に直接関わらない立場だったとしてもプロジェクト体制図に補足として明記しておく**ことです。

プロジェクト体制図

こうすれば情報共有できる

　最初からこうしておけば、Cさんは次のようなリスク回避策を講じることができたかもしれません。

> テストデータがそろわないと解答画面の設計が完了できないので、確実にそろう日時をU社に決めていただく。その日時以降に設計を開始するマスタスケジュールを提示し、U社の承諾を得て作業を開始する。

発注者は、「テストに必要なデータは仮の内容ではいけない場合がある」

ということを認識しておかなければなりません。実際に使用するデータのパターンを分析することがプログラムレベルでの仕様に影響することがあるからです。

　そして、データの用意にプロジェクト外部の協力が必要な場合は、それもステークホルダーですから、プロジェクト体制図に反映して開発者に共有したうえで、見積や開発スケジュールの提示を求めましょう。

工程③
開発（設計・製造・テスト）で 失敗しないためには？

フリーランスに直接発注する場合、工程の分け方や作成する成果物（仕様書など）はお任せでいいの？

何のために何が必要か、開発者に説明してもらって決めたほうがよい。「システムが完成すればどんなやり方でもいい。発注側には関係ないことだ。聞くだけ時間がもったいない。」と考えて開発者任せ（丸投げ）するのが一番よくないことだよ

詳細設計を省略した場合のリスク

　小規模な開発では、詳細設計を省略する（基本設計のみ行って実装に進む）ことがあります。予算が少なく開発期間が短いことも理由のひとつですが、発注者は詳細設計レベルのドキュメント（シーケンス図や画面設計書など）を見ても正誤を判断することが難しいので、基本設計書さえあれば開発を進めることができるのであれば作成しないほうが工数が短縮できるという理由もあります。その分、開発者には高品質なシステムの完成とスピード感ある納品が求められます。

　しかし、**工程や成果物を省略することはリスクを伴います**。U社のプロジェクトは詳細設計を省略したことで、受け入れテストの段階で次のような問題が起きました。

1. 画面の操作性に関する改善要望が発生した
2. 画面に表示される試験問題の不正コピー防止機能が必要になった
3. スマートフォン向けの画面レイアウトに関する変更要望が発生した

　短い期間で開発を行うために、U社には219 ～ 220ページのような画面イ

メージしか確認してもらいませんでした。そのため、受け入れテストの段階になってはじめてシステムを操作したU社から、主に操作性に関する修正要望が出てきてしまったのです。

受け入れテストで発生した修正要望

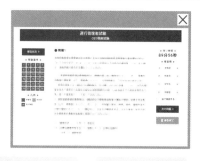

試験問題のテキストを 無断でコピーできない ようにしたい	全問解答するまで 終了ボタンは 押せなくしたい	スマートフォンから 受験するときは残り時間を 画面上部に固定したい

詳細設計を省略しなけば
発生しなかったかも…

🔵 なぜこうなったのか？

　原因は、省いた工程（詳細設計）の成果物レビューに相当するタスクを実施しなかったことです。

　しかし、もし詳細設計書を作成していたとしても、レビューで1.2.3.のような指摘が上がっていたかどうかは疑問です。複数名の開発チームで実施する場合は設計経験のある人がレビューを行うことで細かな不備も拾い上げることが可能ですが、開発者がひとりの場合は自己レビューをするか、少しでも客観的な観点からチェックするために発注者にレビューをお願いすることになります。システム開発に慣れていない発注者が、詳細設計レベルのドキュメントを見て仕様の不備や矛盾を発見することは難しいでしょう。

　要件定義や基本設計など早い段階でプロトタイプを作成していたとして

も、短期間のプロジェクトでは実際のシステムに近い細かな実装までプロトタイプに反映することが難しいので、3.はともかく1.や2.のような問題には気づけなかったでしょう。

● 効果的な対策は？

スケジュールに余裕があるかどうかによりますが、プロトタイプに盛り込むことが難しい細かな画面制御や入力制御については、オンライン会議などでプロトタイプを操作しながら「これを押すとどうなる」「次にこうするとこうなる」というように、ユーザーが行う操作とシステムの動きを1ステップずつ（途中を省略せずに）伝えることが有効です。

プロトタイプを操作して詳細な仕様を補足する

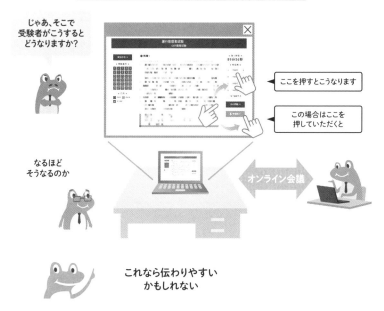

Cさんは画面遷移図に仕様を書き足した資料（219〜220ページ参照）をチャットツールに添付してU社に確認してもらいましたが、オンライン会議で資料に沿ってプロトタイプを操作しながら説明していく機会を設け、それを設計レビューと位置付けておけば、U社も単なる仕様説明として聴くのではなくレビュアーとしての責任感をもって臨むことができ、仕様上の問題点に気づきやすかったことでしょう。

開発中に実現困難な要件に気づいたらどうする？

　要件定義で決めた要件について、設計時点では「実現できるだろう」と思っていても、実装に進んでみると、どのようにプログラムを駆使しても実現できない制限に突き当たることがあります。U社のプロジェクトでは次のような問題が起きました。

　CBTの試験はブラウザで受験するので、ブラウザの再読み込みボタンが押せてしまうと試験の残り時間が元に戻ったり、1問目からやり直しになるなど、実際の試験では起きてはならないことが起きてしまいかねません。また、ブラウザの右上には閉じるボタンがついているので、受験者が誤ってブラウザを閉じてしまうとまた最初から試験をやり直さなければなりません。

　Cさんが作成した設計資料には、「閉じるボタンは押せない」「画面の再読み込みはできない」と書かれていますが、実現可能かどうかの裏付けはとれていませんでした。

設計資料の一部

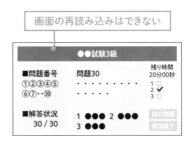

 **確かに資料には
そう書いてある**

　実際は、ブラウザの×ボタンを押せなくすることはできません。これはシステムの仕様ではなくブラウザの仕様だからです。Cさんはかなり昔にそれを実現していたシステムを見たことがあったと記憶していたので、設計工程では実現可能かどうかを確認しませんでした。ところが実装に進んでみると現在のブラウザの仕様ではできないことに気づきました。そこで急遽、「受験者がマウスカーソルを画面の外に移動させたタイミングで警告を表示する」という代替案をU社に提示して了承を得ました。

　画面の再読み込みボタンについても、ブラウザの仕様でボタンを無くすことはできません。また、ボタンを押さなくてもショートカットキーの F5 キーを押せば再読み込みできてしまいます。そこでCさんは、ポップアップウィンドウで表示すればボタンを外すことができることと、キーボードからの入力はJavaScriptのプログラムを使えば無効化できることを確認して裏付けをとったうえで「試験の画面をポップアップウィンドウ内に表示する」という代替案をU社に提示して了承を得ました。

代替案

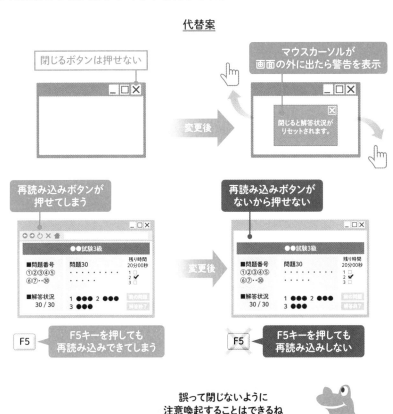

　システムの性質上、ブラウザの仕様でできないことがあれば代替案を検討することは了承済みだったので、それほど大きな仕様変更は生じませんでしたが、もしも大きな工数がかかる代替案しか思いつかなかったら、システムの完成は大幅に遅れていたところです。

● なぜこうなったのか?

　原因は、要件定義のタイミングでブラウザの制御に関わる要件について実現可能かどうかの裏付けをとらなかったからです。本来、実現可能かどうかの判断は要件定義で行いますが、当プロジェクトは**要件定義が中途半端な状態で設計工程に入ったため、そのタイミングを逃してしまった**のです。

● 効果的な対策は?

　理想は要件定義のタイミングで実現可能かどうかの判断を行うことですが、そのためには技術的な裏付けをとるための調査やプロトタイプを作成する時間を確保しなければなりません。要件定義に十分な期間がある場合や、時間単価制で発注している場合ならできることですが、予算が少なく開発期間も短い場合は、そうもいきません。したがって、最初から代替案を用意しておくことが現実的な対策になります。

　実現可能かどうかのリスクが大きいのは、システムを動作させるミドルウェア(OSやウェブサーバー、データベースなど)やソフトウェア(ブラウザなど)の動作を制御しなければ実現できない要件です。U社の例では、ブラウザのボタンをユーザーに押させないようにするという要件がまさにそうです。開発者は、ミドルウェアやソフトウェアを構成するプログラムを直接書き換えることはできないので、発注者がどんなに要望しても実現できない場合があります。

　発注者は何が実現可能で何が不可能なのかわかりませんので、開発者がなるべく早い段階で気づき、「技術的に難しいことが判明した場合はこうしませんか?」という代替案を提示して、合意を得ておくことが重要です。そうすれば、発注者は「要件が実現できるのであれば、実現方法は開発者にお任せする」という気持ちで依頼できるので、レビューの負担も少なく、安心して開発を任せることができます。開発者も、実装段階になってから要件レベルの再検討に時間をとられることがなく、開発者都合の仕様変更を発注者に申し入れる必要もなくなります。

　代替案は、要望を100%満たすものでなくても構いません。最低限の要件を満たせるのであれば、多少の制限事項が生じても仕方ありません。Cさんの代替案では、ブラウザの×ボタン自体を押せなくすることはできないので100%とはいえません。しかし、押す前に必ずマウスカーソルが画面の外に出るので警告が表示され、受験者に注意を促すことができます。それでも画面を閉じるかどうかは受験者の判断に任せる(システムは責任を負わない)という仕様で合意できました。もともとの要件の趣旨は「ブラウザで受験する

という性質上、受験者が誤って画面を閉じないようにしたい」ということであり、絶対に画面を閉じることができないようにしなければ試験が成立しないわけではありません。受験者に注意を促すだけでも構わないわけです。

　実現が困難な要件に対処するポイントをまとめます。

> Point!
> ● 実現可能かどうかの判断は要件定義のタイミングで行う。
> ● 判断のために必要な調査工数は要件定義の工数見積に含めておく。
> ● 調査の結果によらず代替案を考えて合意を得ておく。

\Column/

「技術的に可能かどうか」と「実装すべきかどうか」は別

　システムは開発者が実装するプログラムだけでなく、特定の環境（ハードウェアやミドルウェア、OS、アプリケーション、ネットワークなど）で動作することを前提に構成されます。そのため、最初から次のような制約が存在します。

・アプリケーション制約
・ミドルウェア制約
・OS制約
・ネットワーク制約
・ハードウェア制約

　たとえばPDFなどのファイルをアップロードできる機能を備えたウェブシステムだからといって、いくらでも容量の大きなファイルをアップロードできるわけではなく、セキュリティやサーバーの負荷を考慮して一定の容量制限を課すのが一般的です。

　このような制約がある中、ユーザーの要望が技術的に可能だからといって何でも実装してよいわけではありません。要望の中には、環境の制約にかからないギリギリの内容もあれば、（動作はするけれど）OSなどのセキュリティポリシーに反する内容も含まれている可能性があるからです。

工程④
運用・保守で失敗しないためには？

システム公開後の保守はどうしたらいいの？　何にいくらかかるのか把握してから発注したいんだけれど…

開発者に引き続き保守を依頼できる場合が多いから、開発を依頼する前に保守費用を聞いておくと安心だよ

 ## 操作マニュアルが必要かどうか確認しよう

　操作マニュアルがなくてもシステムを正しく操作できるかどうかは、開発の規模だけで決まるものではありません。ユーザーのシステムに対する理解度や業務の習熟度によっても違ってきます。

　フリーランスに開発を依頼する場合、納品後の保守も引き受けてもらえる場合が多いので、発注前の打ち合わせ段階でシステムの運用に何が必要か、保守にどのくらい費用がかかるのか、といったことを聞いておくことが重要です。開発費用と保守費用の両方が把握できていれば、システム化の企画に際して経営層への説明もしやすく、安心して発注できるでしょう。

　U社のプロジェクトでは、操作マニュアルの作成について次のような問題が発生しました。

　システムの納品が完了し、一息ついていたCさんですが、U社のA部長から連絡が入りました。受け入れテストのときシステムに登録した試験データに不備が見つかり、U社でシステムの管理画面から試験データを修正することになったのですが、担当者がシステムをまだ触ったことがないため操作方法を教えてほしいとのこと。

　受け入れテストのデータ登録はU社が行ったのだから、修正方法がわからないというのはおかしな話だとCさんは思いました。実は、受け入れテストでデータ登録を行ったのはB主任だったのですが、それはあくまで開発工数

の増加分の扱いについてＣさんとＢさんの間で取り決めた交換条件に過ぎませんでした。Ｕ社の計画では、システム公開後のデータ登録は、CBTシステムを利用する試験対策書籍の担当者（出版事業部の社員）が行うことになっていたため、Ｂ主任はすでにシステムの担当から外れているというのです。担当社員はまだシステムに触れたことがなく、プロジェクトにも参加していなかったので、ログイン方法も操作方法も全くわからない状態です。

B主任

担当者がシステムの操作に戸惑っています。どうしましょう？

A部長

このシステムで複数の試験を扱うことになるから、担当者ごとに説明するのは非効率だろう。操作マニュアルを作ったほうがよい

B主任

私もそう思うのですが、私自身もそこまでシステムを理解できていないので作れる自信がありません

A部長

開発者のＣさんに追加で作成を依頼できないだろうか？

　このような経緯で、急遽システムの操作マニュアルが必要になりました。操作マニュアルの作成は開発の要件にはなく、話にも挙がっていなかったため、Ｃさんはシステムの開発費用についてはいったん精算してもらって、操作マニュアルの作成は保守作業の一環として別途保守契約を締結して対応する旨をＵ社に回答しました。

　困ったのはＣさんです。予定していなかったマニュアル作成に充てる時間を捻出するために、開発後に予定していた別案件のスケジュールを徹夜してでも早く完了させなければならなくなりました。最初からＵ社が想定している運用ルールをヒアリングしておけば、操作マニュアルの必要性についてＣさんのほうから提案することもできたはずです。開発を受注する前にそのことがわかっていれば、他の案件のスケジュールに影響しないようにマニュアル作成のスケジュールを調整することもできたのです。

●なぜこうなったのか？

　直接の原因は、U社が受け入れテストを実施する中で試験データの間違いに気づけなかったことです。試験データに含まれる問題文や解説文の内容の正誤はU社にしかわからないことですが、膨大な数の試験問題を一語一句確認していくのは大変な作業であり、人為的なミスで見落とす可能性は十分に想定できたことです。

　したがって、根本的な原因はU社のミスというよりも、**U社内での運用計画（システムの運用に誰がどのように関わるのか）をプロジェクトで共有できていなかったこと**にあります。

　なぜ共有できなかったのか（しなかったのか）を深掘りすると、発注者と開発者のそれぞれに原因があることがわかります。B主任とCさんに個別にインタビューしてみたところ…。

どうして社内の運用計画を開発者に共有しなかったの？

B主任

どのように運用するかは社内の事情だから開発者には関係ないと思ったからです

なるほど、共有しても意味がないと思ったんだね

どうして社内の運用計画についてヒアリングしなかったの？

Cさん

開発を受注したからには納期までに完成させることが第一優先です。U社内の運用計画を気にかける余裕はありませんでした

なるほど、運用保守は受注範囲外（責任範囲外）ということだね

　ふたりの回答からいえる結論は、運用中の保守をどうするかについて誰も目を向けていないということです。

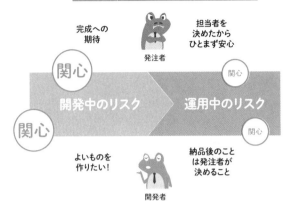

誰も目を向けていない運用中のリスク

完成への期待

担当者を決めたからひとまず安心

発注者

関心　　　関心

開発中のリスク　→　運用中のリスク

関心　　　関心

よいものを作りたい！

納品後のことは発注者が決めること

開発者

運用担当者を決めても保守は誰がするの？

　フリーランスへの直接発注であることから保守契約も受注できる可能性が高かったにも関わらず、納品責任にしか意識を向けなかったのはCさんの失策といえるでしょう。開発には必要ないことでも受注前にヒアリングしておけば運用保守も視野に入れたきめ細かなサポートや提案ができ、U社からの信頼が上がり、U社の別の事業分野でもシステム化の要望が上がったとき関わるチャンスが生まれたかもしれません。

●効果的な対策は？

　システム開発に限らず、人に何かを相談するときには必ず理由があります。そして、相談相手が理由を共有しようとしてくれると嬉しいものです。自分が抱えている問題を一緒に解決しようという姿勢を示してもらえると心強いですし、信頼したくなります。ましてやお金を払って依頼するのであれば、信頼できる相手でなければ安心して取引できないでしょう。

　開発の相談を受けたとき、システムの仕様や要件を聞き出すことばかりに意識を向けるのではなく、発注者にとって「なぜシステムが必要なのか？」「システムの導入によってどんな効果を期待しているのか？」「誰がどのようにシステムを運用する予定なのか？」といった**背景事情を共有したいという**

気持ちで対話することが重要です。

　Cさんは、開発者としての責任を果たすことへの意識が強すぎたために、発注者であるU社に寄り添う心の余裕が足りなかったようです。U社と同じ目線、同じ立場で対話をしていれば、システム公開後のデータ登録をプロジェクト体制図に載っていない人が担当する予定であることを知り得たかもしれません。そうすれば、「操作マニュアルがあったほうがよいですよね？

　作成しましょうか？」と提案し、最初からマニュアル作成にかかる工数を見積とスケジュールに反映できていたはずです。

> Point!
> 発注者が期待するスピード感と予算内に完成させるためには、開発のプロセスや形式にこだわらず、開発対象のシステムにとって必要最低限のやり方で進めることは確かに有効です。しかし、省略後の工程や成果物だけで十分かどうかを確認するためにも、納品後に発注者がどのように運用するかについてもヒアリングしておかないと、隠れたタスクを洗い出すことができません。受注した仕事がシステムの完成までだったとしても、運用後のことまで視野を広げることが重要です。また、そうすることで発注者は「納品後のこともしっかり考えてくれている」と信頼します。

保守にかかるコストを抑える提案

　フリーランス個人に発注する規模の開発は、それほど予算が大きくありません。発注者はコストを気にしますが、開発にかかるコストは「いくらです」と言われれば納得しやすいものの、保守にかかるコストは具体的な作業がイメージできないので「いくらです」と言われても高いのか安いのかわからず不安を感じるものです。

　開発者には、保守契約を受注するかどうかは別にして、システムの保守にかかるランニングコストを抑えることができる構築方法を発注者に提案することが求められます。タイミングとしては受注前の打ち合わせや、基本設計に入る前（要件定義）が適切です。

　U社のプロジェクトでは、システムを社内のサーバーではなく一般的なレンタルサーバーに設置することで保守にかかるコストと手間を大幅に抑えることができました。以下はU社がCさんにシステム化の相談を持ち掛けたときの会話です。

A部長

CBTの開発はどのくらいかかるのでしょうか？

Cさん

開発に●●万円、保守に月額●●ぐらいかかります

A部長

保守とは具体的にどのような作業でしょうか？

Cさん

各種サーバーのメンテナンス、ネットワークのメンテナンス、セキュリティ管理、バックアップ作業、その他システムのアップデートや、障害が発生した場合の復旧作業です

A部長

わかりました。いったん社内で検討します

A部長

　このときCさんは、システムはU社内のサーバーに設置してU社内のサーバー管理者が保守を行うことを想定していたので、一般的な保守業務の内容を回答しました。これを聞いたA部長は「システムを維持するだけでも専門知識がいるようだ。思ったよりコストがかかる。」と感じ、開発を躊躇しました。

　後日、再度の打ち合わせにてランニングコストを抑えたい旨をA部長が伝えたところ、Cさんはレンタルサーバーでシステムを運用することを提案し、大幅にシステムの維持費が抑えられることからU社は開発を決断しました。

　もし最初からCさんがレンタルサーバーを提案していたら、A部長の心象は変わったかもしれません。

Point!

顧客社内のコンプライアンスや情報セキュリティに違反しなければ、SaaS、PaaS、IaaSなどのインフラを利用したほうが保守費用を抑えることができる場合が多く、高い安定度を期待することができます。

●なぜこうなったのか？

　Cさんはフリーランスになる前はSIerに在籍していたため、企業内システムの開発に関わった経験が多く、ほとんどが社内サーバーにシステムを構築するプロジェクトでした。U社とは取引先の業種も規模も大きく違っていたのですが、当時の習慣を引きずって、U社のCBTシステムも社内サーバーに構築する想定でA部長と会話をしてしまいました。経験豊富な反面、Cさんはシステムの構築方法や環境、工程の分類、成果物や開発プロセスなど、システム開発のすべてを発注者と相談する前に「こうあるべき」という自分なりの答えを用意して打ち合わせに臨む習慣が身に付いていたからです。

●効果的な対策は？

　クラウドソーシングに登録せずに活躍しているフリーランスには自分なりの開発スタンスを確立している人が少なくありません。ほとんどの場合、システム開発に関しては発注者よりも広い視野を持っているので、自分が主導権を握ってプロジェクトの計画・進行をコントロールしたほうがリスクを抑えることができ、うまくいくことを経験則として知っています。

　発注者は開発者にリードしてもらったほうが楽ですし安心できますが、自社が何を重要視しているかをきちんと伝えましょう。U社のように自社がはじめてリリースするサービスの開発なら、売上と連動して効果が出るまではなるべくコストを抑えたいでしょう（失敗した場合の損失を抑えるため）。これはシステムの要件や仕様と同じくらい発注者にとって重要な関心ごとですが、開発者にとっては関心が低いことなので、発注者から伝えておかないと望んでもいないほどコストも品質も高いシステムができあがってしまいかねません。

> Point! 🐸
>
> **開発にかかるコストが不明だからといって発注者が予算を提示しないと、開発者は予算内で開発できる方法を（知っていても）提案することができないので、希望予算内の見積を提示してもらえる可能性が下がります。開発と保守それぞれについて希望予算を提示して、その範囲内でできる方法を開発者に提案してもらうようにしましょう。**

● 発注者と開発者の意識の違い

発注者と開発者は、何を重要視しているかが異なります。

重要度の違い

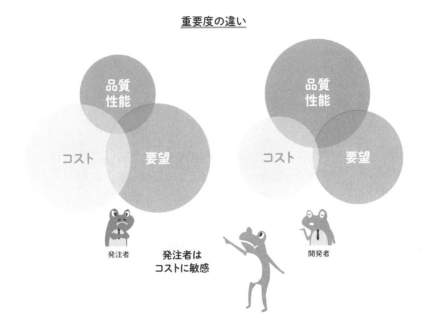

図はあえて極端に表現しましたが、発注者はお金を払って依頼する立場なので、なるべくコストをかけたくありません。ものすごく手間をかけたバグひとつ発生しない完璧なシステムが欲しいわけではありません。要望どおりのシステムがそこそこの品質で完成すればよく、必要以上にコストをかけてまでシステムの品質や汎用性にこだわりたいわけではありません。

一方開発者は、コストをかければいくらでも便利な機能を自らの手で実装できるので、達成感が得られます。良いものを作って発注者に喜んでもらえることにも、高品質なものを作り上げることにも誇りを感じるので、発注者の懐事情を（発注者から言われない限り）あまり気にしない人もいます。

このように、発注者と開発者は同じゴールを目指してプロジェクトを進めていくパートナーでありながら、本質的な価値観は異なっています。開発者の性格もありますが、どちらかというと立場の違いが大きな要因です。

したがって、双方ともに「相手とは価値観が違う」ことを理解し、「相手が求めていること」を共有するための対話を心掛けることが重要です。

06 当プロジェクトのチェックリストと反省点は？

短期間で問題がたくさんあったけど、プロジェクトとしては成功？

システムが計画どおりに稼働した点では成功だけど、反省点が多かったね。チェックリストで振り返り、フリーランスに直接発注する場合の注意事項を整理しておこう

要件定義の反省点

U社のプロジェクトにおける反省点をチェックリストに反映しました。

要件定義の反省点

チェック項目	文書化	合意
希望するシステムの目的、達成目標、要件、予算が明確か？	○	○
プロジェクトの目標がユーザーの課題解決方針と一致しているか？	○	○
プロジェクトの前提条件が明確か？	△	△
システム導入前の業務フロー図に現行業務の流れと課題が記載できているか？	-	-
システム導入後の業務フロー図に新しい業務の流れが記載できているか？	×	×
システムの機能要件と非機能要件が明確か？	×	×
要件定義書の記載内容を実現すればユーザーの課題が解決するか？	○	○
要件定義書の記載内容が技術的に実現可能か？	△	△
開発の作業範囲と工程別の成果物が明確か？	×	×
プロジェクトの完了条件が明確か？	○	○

　要件定義がきちんと完了していないまま設計を開始したことが反省点です。そもそも要件定義の目的や必要な成果物、設計に必要な情報の精度についてきちんと理解している発注者は少なく、要望を開発者に伝えるための資料を用意すれば完了と考えている場合が多いです。

要件定義に関する注意事項をまとめます。

> Point!
> ● 要望を伝えるだけが要件定義ではない
> ● 要件定義と設計を区別して、発注する工程を明確にする
> ● 要件定義は開発者の協力を得て共同で行う工程と考える
> ● 発注前に必ず打ち合わせの場を設け、発注者が用意できる情報と、要件
>   定義で何を作成する必要があるかを開発者と相談して決める
> ● 開発者が参加して作成した要件定義書をもとに設計を行う

 ## 費用見積・要員計画・スケジュールの反省点

U社のプロジェクトにおける反省点をチェックリストに反映しました。

費用見積・要員計画・スケジュールの反省点

チェック項目	文書化	合意
見積根拠（工数の根拠）が明確か？	△	△
実作業の工数だけでなく管理工数も含まれているか？	○	○
見積の前提条件が明確か？	○	○
全てのステークホルダーの名称と役割が体制図に記載されているか？	×	×
予算と仕様に責任と権限を持つステークホルダーと意思疎通できているか？	○	○
採用する開発プロセスについて合意できているか？	×	×
開発メンバーの役割と責任範囲が明確か？	○	○
リスクを考慮したスケジュールになっているか？	△	△
スケジュールが遅延した場合の対策についてユーザーと合意できているか？	×	×

　開発者が提示した見積の妥当性を判断できなかったことと、システムに登録するデータの作成を担当するステークホルダーが共有されておらず、テスト工程から実装工程への戻りが発生したことが反省点です。

　費用見積・要員計画・スケジュールに関する注意事項をまとめます。

- フリーランスの人月単価は発注時のスケジュール状況によって変わる
- フリーランスの能力は人月単価だけで測ることができない
- 開発に直接関わらない外部の協力者もプロジェクト体制図に反映して共有する

 開発(設計・製造・テスト)の反省点

U社のプロジェクトにおける反省点をチェックリストに反映しました。

開発(設計・製造・テスト)の反省点

チェック項目	文書化	合意
定例会や会議などで定期的にユーザーと課題を共有しているか?	×	○
課題の優先度、対応方法についてユーザーと合意できているか?	×	○
要望の扱いについてあらかじめ定めた手順に沿って対応しているか?	×	○

　省いた工程(詳細設計)の成果物レビューに相当するタスクを実施しなかったことと、実現困難な仕様を早期に発見できなかったことが反省点です。

　開発(設計・製造・テスト)に関する注意事項をまとめます。

- プロトタイプを操作して詳細な仕様を説明する機会を設ける
- 設計レビューを行う発注者は、開発者が作成した設計書が常に正しいと過信せず、少しでも不明確な点や疑問があれば開発者に質問するのが役割(この意識がないと工数が増えてコスト増、納期遅延につながる)
- 技術的に実現可能かどうかの判断は要件定義のタイミングで行う
- 技術的な調査をする時間がない場合は最初から代替案を用意しておく
- 技術的な調査に必要な工数は要件定義の工数見積に含めておく
- ミドルウェアやソフトウェアの動作に関わる要件は技術的に実現が困難な場合が多い

運用・保守の反省点

U社のプロジェクトにおける反省点をチェックリストに反映しました。

運用・保守の反省点

チェック項目	文書化	合意
定例会や会議などで定期的にユーザーと課題を共有しているか？	×	×
課題の優先度、対応方法についてユーザーと合意できているか？	×	×
要望の扱いについてあらかじめ定めた手順に沿って対応しているか？	×	×

　発注者の運用計画がプロジェクト全体で共有できていなかったため運用に必要なマニュアル作成が遅れたことと、最初から保守コストを抑える提案ができず、発注者が開発を躊躇してしまったことが反省点です。

　運用・保守をフリーランスに直接発注する場合の注意事項をまとめます。

> Point!
> - 開発者は、システムをどのように運用するかについてもヒアリングしておく
> - 開発者は、開発だけ依頼されたとしても運用後のことまで視野に入れて行動する
> - 開発者は、クラウドのインフラを利用して保守にかかるコストを抑えることを視野に入れて構築方法を提案する
> - 発注者は、自社が何を重要視しているかを開発者へきちんと伝える
> - 発注者も開発者も、相手が求めていることを共有するための対話を心掛ける

Column

フリーランス保護法

フリーランス保護法は令和5年4月に成立した新しい法律です。令和6年11月1日に施行されることが決まっています。

● フリーランス保護法の概要

一般に会社員よりも不安定な立場に置かれることが多いフリーランスの業務において、発注者による搾取等を防ぐために、発注者に対して次のような規制が設けられています。

業務内容・報酬額・支払期日等の明示

発注者はこれらを文書または電磁的方法（メールやPDFなど）で明示しなければなりません。業務内容に関して「言った」「言ってない」等のトラブルを防止するためのルールです。

報酬の支払期日

発注者はフリーランスが成果物を納品してから60日以内に、**発注者が納品物の検査（検収）をするかしないかに関わらず**、なるべく短い期間内に報酬を支払わなくてはなりません。フリーランスAが別のフリーランスBへ再委託する場合は、AからBへの支払期日を「発注元からAへの支払期日から30日以内」としなければなりません。下請けに対して不当な理由で支払を遅延させることを防止するためのルールです。

遵守事項

発注者は次のことをしてはいけません。

- フリーランスの責に帰すべき事由なく納品物の受領を拒むこと（支払いたくないから受領しないなど）
- フリーランスの責に帰すべき事由なく報酬を減額すること（修正を求めない代わりに減額するなど）
- フリーランスの責に帰すべき事由なく成果物を返品すること（品質が期待値に届いていないからといって一方的に返品するなど）
- 著しく低い報酬額を定めること（立場が強いことを利用した買いたたき）
- 正当な理由もなく特定の物品の購入やサービスの利用を強制すること

- 発注元のためにフリーランスに経済的な利益を提供させること（フリーランスの利益を不当に害すること）
- フリーランスの責に帰すべき事由なく成果物の変更ややり直しを強制すること

募集広告の的確な表示義務

募集要項や募集広告において、虚偽や誤解を招くような紛らわしい表示をしてはいけません。さらに、表示内容は正確かつ最新の内容に保たなくてはなりません。

妊娠、出産、育児、介護に対する配慮

フリーランスから妊娠、出産、育児、介護に関する申し出があった場合、仕事と両立できるように適切な配慮をしなくてはなりません。

ハラスメントの禁止

フリーランスに対するセクハラ、パワハラ、マタハラを禁止するとともに、これらのハラスメントが発生しないように相談体制の整備など適切な措置を講じなければなりません。また、フリーランスがこれらのハラスメントを相談したことを理由に契約解除や報酬の減額など不当な扱いをすることも禁止されます。

契約解除の予告義務

フリーランスとの契約を解除する場合は原則30日以上前に予告しなければなりません。突然の解除でフリーランスが困らないためのルールです。

免税事業者のフリーランスとの継続取引について

　2023年10月からインボイス制度が始まり、消費税の処理や納付の仕組みが変わりました。発注先のフリーランスが課税事業者へ登録しているのかどうか（登録する予定があるのかどうか）を把握しておくことは、特にフリーランスと継続取引を行う発注側にとって重要なことです。

　なぜなら、課税事業者でなければ適格請求書を発行できず、適確請求書がなければ発注側は仕入税額控除を受けることができない（免税事業者の代わりに消費税を納付しなければならない）からです。

　発注側がフリーランスのインボイス登録状況を確認する方法としては、直接聞く以外に、国税庁の適格請求書発行事業者公表サイトで登録番号を検索する方法があります。

●国税庁インボイス制度適格請求書発行事業者公表サイト
https://www.invoice-kohyo.nta.go.jp/

　なお、免税事業者であるフリーランスと取引を継続する場合でも、2029年9月30日まではインボイス制度導入後の経過措置として、企業側の消費税負担は一定の割合で軽減されます。

2023年10月1日〜2026年9月30日：仕入税額相当額の80％控除
2026年10月1日〜2029年9月30日：仕入税額相当額の50％控除

　ただし、控除を受けるためには取引先のフリーランス（免税事業者）が発行する請求書に、区分記載請求書等保存方式と同様の事項が記載されていなければなりません。

　区分記載請求書とは、「軽減税率の対象品目である旨」と「税率ごとに区分して合計した対価の額（税込）」を記載した請求書等のことで、「区分記載請求書等保存方式」にもとづいて発行される請求書を指します。

Chapter

06

システム開発関連の
法律知識

システム開発に関する法律について委託者
と受託者の双方が知っておくべきことを4
大経営資源「ヒト、モノ、カネ、情報」の
観点から解説します。

「ヒト」に関して注意すべきことは？

システム開発で雇用者が雇った従業員や外注要員を扱う上で注意すべきことは何だろう？

契約形態に即した適切な労務管理を行うこと。そのために必要な法的知識を雇用者だけでなく労働者も理解しておくことが重要だよ

労使関連トラブルの要因

システム開発のプロジェクトには多種多様な業種・職種の人が関わり、111ページのような多重下請け構造が形成されやすい傾向があります。また、業務内容の専門性が高いことから、業務の遂行を働く人の裁量に委ねる場面も少なくありません。そのため、ひとりひとりの労働形態に応じた適切な労働時間や指示系統が守られないことがあり、労使関連トラブルの要因になっています。企業も労働者も、次のことについて理解しておくことが重要です。

(1) 業務委託契約における労働者の派遣と偽装請負
(2) 再委託先やフリーランスへの業務指示
(3) 人材派遣業者との契約
(4) 裁量労働制のメリットとデメリット
(5) 労働時間管理と安全配慮義務

これらについて、ひとつひとつ見ていきましょう。

業務委託契約における労働者の派遣と偽装請負

システムの運用保守体制を構築するために、委託者が指定する現場（ユーザー企業内など）に人を派遣し、常駐勤務させることがあります。労働者に

とっては勤務場所が自社から客先に変わるだけのように感じられるかもしれ
ませんが、業務委託契約の場合、労働者はあくまでも自社に雇用されている
従業員であり、委託者に雇用されているわけではありません。したがって、
**委託者や常駐先企業が業務上の指示に該当しない指揮命令（正社員と同等の
指揮命令や指示）を行ったり、勤務時間や休暇について委託者やユーザー企
業の社内既定に従うことを強制すると、労働者派遣法が定める偽装請負に該
当し、違法契約とみなされる可能性**があります。

業務委託契約における指揮命令権

◉個人（フリーランス）の場合

◉法人に雇用されている従業員の場合

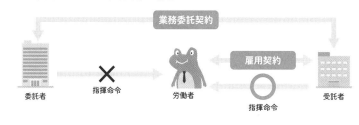

委託者が直接指示してはいけない

　しかし、運用保守は開発とは違ってユーザーの要望に応えながら臨機応変
に対応する必要があることから、常駐先企業が労働者に対して業務手順を指
示することが多いです。適法と違法の境界線が難しいですが、例外的に次の
ような指示は適法と認められています。

- 災害・病気・ケガ等の緊急事態における指示
- 契約に基づいて生じた業務内容の変更に関する指示
- 法令順守のために必要な指示
- 業務手順の指示

ただし、あまりにも詳細な指示内容（口頭もしくは文書）を労働者が遵守しているという実態があれば、事実上の指揮命令を行っているとみなされる可能性があります。

● 偽装請負とは？

　書類上は業務委託契約を締結していてるにも関わらず、**労働が（雇用主である自社ではなく）委託者やユーザー企業の指揮命令下にあると認められる場合は偽装請負に該当**します。本人と雇用関係がなく使用者責任も負わない委託者が不当な扱いをせず、労働者の雇用や安全衛生面など基本的な労働条件を確保するために、**偽装請負は違法**とされています。

再委託先やフリーランスへの業務指示

　自社が受注した開発の一部を、パートナー会社やフリーランスへ業務委託契約として外注（再委託）する場合も同様で、外注要員は自社が雇用した従業員ではありません。したがって、**再委託先に対して業務上の指示に該当しない指揮命令（正社員と同等の指揮命令や指示）を行ったり、勤務時間や休暇について自社の既定に従うことを強制すると偽装請負とみなされる可能性**があります。

● 偽装請負とみなされるとどうなる？

　偽装請負に該当する実態があるとみなされると、委託者と受託者の双方に次のようなリスクが生じます。

【労働基準法違反】
労働基準法第118条で、他人の就業に介入して利益を得る行為（中間搾取）が禁止されています。これに該当した場合、委託者も中間搾取に手を貸したとして、**1年以下の拘禁刑又は50万円以下の罰金**が科される可能性があります。

【労働者派遣法違反】
労働者派遣法第59条で、厚生労働大臣の許可を得ずに労働者派遣事業を行うことが禁止されています。これに該当した場合、**1年以下の懲役又は100万円以下の罰金**が科される可能性があります。

【職業安定法違反】

職業安定法第64条で、労働者供給事業の許可を受けずに労働者供給事業を行なうことや供給される労働者を指揮命令下で労働させることが禁止されています。これに該当した場合、**1年以下の懲役又は100万円以下の罰金**が科される可能性があります。

人材派遣業者との契約

　システム開発では人材派遣会社を利用して要員を確保することがあります。派遣会社から供給された人材を派遣契約に基づいて自社の開発に従事させる場合と、自社の従業員を業務委託契約に基づいて客先（委託者）へ常駐勤務させる場合とでは、契約形態と指揮命令関係が異なります。

従業員を派遣する場合の指揮命令関係

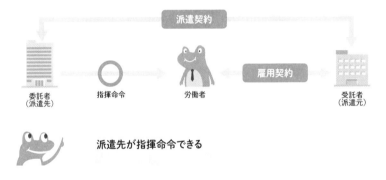

● 指揮命令関係の違い

　業務委託契約の場合、当該従業員は自社の社員なので、委託者と従業員の間には雇用関係がなく、自社の指揮命令下で労働に従事するため、**客先（委託者）が指揮命令をしてはいけません。**

　人材派遣の場合、派遣スタッフは派遣会社の従業員なので、派遣先と派遣スタッフとの間には雇用関係がありませんが、**派遣先が指揮命令できます。**

裁量労働制のメリットとデメリット

　裁量労働制とは、あらかじめ労使協定で定めた時間だけ労働したとみなして賃金を支払う制度です。たとえば、みなし労働時間が8時間と定められた

場合、実際の労働時間が6時間でも10時間でも契約上の8時間働いたものとみなして給与計算に反映されます。勤務時間帯も労働者の裁量で決めることができます。

ただし、裁量労働制には時間外労働の概念がないため、**実際の労働時間がみなし労働時間を超えても残業代は支払われません。**例外として、「みなし労働時間が8時間を超える場合」「深夜残業」「休日出勤」に関しては労働基準法が定める割増賃金が支払われます。

また、裁量労働制を導入するには、**労使委員会の設置、委員全員の合意、対象となる労働者の同意、労働監督署への届出などの手続きが必要**です。

裁量労働制のメリットとデメリット

労務管理の負担軽減
人件費が予測しやすい

導入の手続きが負担
（労使委員会の設置など）

時間に縛られない
生産性向上につながる

長時間労働の常態化
残業代が出ない

導入の検討は
慎重に

労働時間管理と安全配慮義務

システム開発に関する業務は専門性が高いため、裁量労働制を導入していない場合でも、労働時間を個人の裁量に委ねざるを得ない場合があります。たとえば難易度の高いタスクは他の人がいる時間帯は集中できないので夜に回したり、システムのアップデート作業はユーザーがシステムを利用している時間帯には実施できないので夜間に行うなど、業務の内容によって適切な時間帯が異なる場合があります。

しかし、雇用者が労働時間の管理を従業員の裁量に任せると、残業が多い

現場では長時間労働（持ち帰り残業を含む）が常態化したり心身の不調を訴える人が出てきます。そのような勤務実態について労働基準監督署への通報があると、多額の未払い残業代の支払いが命じられたり、安全配慮義務違反が問われる可能性があります。

　設計や開発に従事する人はもちろんですが、管理職にも同じことがいえます。役割や責任が重いにも関わらず時間外労働や休日労働の既定が適用されない中間管理職の過労死や精神疾患は解決の難しい社会問題です。

　このような問題を防ぐために、**働き方改革の一環として2019年4月から労働時間の客観的な把握（ICタイムカードの利用や残業申請のルールなど）が義務化されています。また、雇用側には（就業規則や雇用契約書に記載がなくても）社員が安全で健康に働くことができるように配慮する義務（安全配慮義務）が定められています。**

> Point!
> 労働者が不当な扱いを受けないために、契約形態に伴う遵守事項をまず雇用者が理解し、労働者にも責任をもって説明することが重要です。

02 「モノ」に関して注意すべきことは？

成果物の完成／未完成について主張が食い違うトラブルを防止するために注意すべきことは何だろう？

契約書で責任範囲を明確にすることと、開発目的に合った契約形態を選ぶことが重要だよ。あらためて契約形態と責任範囲の違いを整理しておこう

 ## 成果物の完成責任

　システムが要件を満たしていないことを理由に、委託者が報酬の支払や成果物の受領を拒否するようなトラブルにおいては、受託者にシステムを完成させる責任があるかどうかが争点になります。成果物の完成責任は契約形態によって異なります。

成果物の完成責任の有無

	請負契約	準委任契約	派遣契約
成果物の完成責任	有り	無し	無し
報酬の対象	成果物の完成	業務の遂行	業務の遂行
債務不履行責任	完成しなければ債務不履行責任を負う	無し	無し

　87ページで見たように、**請負契約の場合は受託者に成果物の完成責任がありますが、準委任契約と派遣契約の場合は業務の遂行が目的なので、受託者に完成責任を問うことはできません。**
　期待するシステムが完成しなかった場合に委託者が被る損害の大きさを考えると、一般的にシステム開発が請負契約で行われるのはもっともですが、請負契約では委託者から受託者へ指揮命令に該当するような指示が禁止されていることや、契約の前提に関わるような大きな要件変更があった場合は契

約書を根拠にして完成責任を問えないことなど、準委任契約や派遣契約と比べて柔軟性に欠ける契約形態であることは否めません。そのことが原因で委託者の期待と違うシステムが完成してしまった場合、受託者が完成責任を果たさなかったといえるのかどうかでもめることになります。

● 準委任契約の種類

そこで、2020年の民法改正にて、システムの納品責任を取り入れた「成果完成型」の準委任契約が追加されました。

準委任契約の種類

契約形態	準委任契約	
	履行割合型	成果完成型
報酬の対象	工数や作業時間	委託された業務の遂行で得られた成果物
報酬支払の条件	委託された業務の遂行割合	成果物の納品時
成果物の完成責任	無し	無し
債務不履行責任	無し	完成しなくても債務不履行責任を負わない

従来の「履行割合型」では、委託者はシステムが完成しなくても報酬を支払う義務を負います。「成果完成型」では、システムが納品されなかった場合は報酬を支払う義務が生じません。

請負契約と同じだと思われるかもしれませんが、請負契約は納品責任ではなく完成責任であるのに対し、成果完成型の準委任契約は完成責任ではなく納品責任である点に注意が必要です。つまり、納品されたシステムが委託者から見て未完成（要件や品質基準を満たしていないなど）だったとしても、納品されたからには報酬を支払う義務が生じます。受託者にとっては、完成責任を免除される代わりに納品責任を負う形になります。

では、到底完成と呼べないようなシステムが納品された場合、委託者はどうすればよいのでしょうか？　これについては、善管注意義務違反に基づく債務不履行責任を根拠として受託者へシステムの修正や損害賠償、契約の解除を要求する権利が認められています。準委任契約には契約不適合責任は適用されず、債務不履行責任を追及することになります。

検収について契約書に規定すべき内容（請負契約の場合）

検収には次のような意義があります。

- 報酬支払の前提条件を満たす意義
- 受注者の業務遂行に対する契約違反を指摘できなくなる意義
- 検収後の不具合は契約不適合責任として処理することに合意する意義

　契約書には通常、「検収後何日以内に報酬を支払う」のように報酬支払の前提条件を記載します。報酬の未払いや支払いの拒否を回避するためにも検収が必要です。

　また、検収の完了をもってシステムの完成責任は果たされたものとすることが一般的であることから、検収が完了したのにいつまでも委託者が受託者に完成責任を問うといった（受託者にとって）理不尽なトラブルを回避することができます。

　さらに、検収後に不具合が発見された場合に完成責任を問うことができてしまうと、受託者はいつまでも報酬の支払いを受けられないことになり、検収という行為自体に意味がなくなってしまいます。そのため、検収後の不具合は契約不適合責任を適用して解決を図る余地が残されています。

　ところで、「検収」は法律用語ではありません。検収を「受け入れ検査という行為」と考える人もいれば「受け入れ検査に合格すること」と考える人もいますので、契約書で検収の定義を明確にする必要があります。

　以下に契約書の記載例を示します。

第●条（本件システムの検収）
1 委託者は、受託者によるシステムの納品後○○日以内（以下「検査期間」とい

う。）に、本件システムに問題がないかどうかを検査しなければならない。

2 委託者は、本件システムに問題がない場合、検査合格書に記名押印して受託者に交付し、これをもって検査合格の通知とする。本件システムに問題がある場合、受託者に対して具体的な理由を明示した書面を速やかに交付し、修正または追完を求めることができる。不合格の理由に合理性が認められる場合、受託者は、協議の上定めた期限内に無償で修正して再度納品し、委託者は必要な範囲で再度検査を行うものとする。

3 前項に定める通知が行われない場合、検査期間内に具体的な理由を明示して異議を述べない場合、本件システムは検査に合格したものとみなす。

　検収期間を定めていても、委託者は「まだ引き渡しされていないから検収期間はまだ始まっていない」などと主張できてしまいます。

　順番としては「納品→検収→引き渡し」なので、引き渡しされていないから検収できないという主張は認められません。受け入れテストの環境にシステムを設置した時点で納品（納入）したことになり、検収期間が始まると考えるのが一般的です。

　また、完成したシステムに不満があって支払いを拒否したいという理由で「検収が終わっていないのだから支払わない」と主張する委託者もいます。これを防止するために、記載例の3項にあるような「みなし検収」の規定を盛り込むことが重要です。委託者が検収を怠ったために報酬が支払われなかったり遅延した場合、委託者が責任を問われることになるからです。もしも「みなし検収」の規定がなければ、委託者の（検収への）協力義務違反を根拠として支払請求権を主張するしかなく、協議は難航するでしょう。

検収前後で追求できる責任が異なる

　検収前と検収後とで、委託者が受託者に追求できる責任と、責任の有無を誰が立証しなければならないかが異なります。

【検収前】
検収前はまだ開発中のため契約不適合責任を問えませんので、システムの完成責任を問うことになります。この場合、**完成責任を果たしたことの立証は受託者が行わなければなりません**（委託者に有利）。

【検収後】
検収後は契約不適合責任を問うことになり、**不適合であることの立証は委託者が行わなければなりません**（受託者に有利）。

　ただし、契約不適合責任を主張された受託者が報酬支払の請求権を主張するとトラブルが深刻化する場合がありますので、委託者上位の考えでむやみに契約不適合責任を問うのは賢明とはいえません。

検収後に発覚した不具合の対応責任

　受託者は、検収が完了していることを理由に不具合の修正を拒否することはできません。検収の完了は報酬支払の条件ではありますが、以後に発生した不具合の修正（または相当な代替措置）を行う義務が免除されるわけではありません。

　ただし、検収で発見できなかった不具合があとから発覚した場合、不具合が存在することだけを理由として受託者に損害賠償を請求することはできません。不具合について、受託者に故意・過失が必要です。

「カネ」に関して注意すべきことは？

支払いトラブルを防止するために注意すべきことは何だろう？

先行着手のリスクと、支払いの時期・条件・損害賠償責任などについて知り、必要事項を契約書に規定することが重要だよ

支払トラブルの４つの争点

システム開発の委託は、成果物が物理的な形を持たないシステムであることや、動くお金が大きいことから、トラブルが起きやすい契約形態です。特に報酬の支払いに関しては次の４つの観点が争点になる場合が多いです。

(1) 契約は成立しているか？
(2) 着手金や前払いは可能か？
(3) 契約が途中で解除された場合の報酬はどうなるか？
(4) 開発側はどこまで損害賠償責任を負うか？

ひとつずつ見ていきましょう。

契約の成立について

元請けがSIerである場合が典型例ですが、ユーザーと元請けとの間で納期を約束して契約を交わしてから開発を外部へ委託した場合、受託者はシステムの完成責任を負いますので、少しでもリスクを軽減するために開発の着手を急ぎます。そうでなくても、元請けもユーザーに対して納期を守る責任を負っていますから、元請けが受託者へ開発の着手を急がせることもありま

す。要件が完全に決まっていなくても、決まったところから設計・実装を進めることを求められることも少なくありません。

　そういった圧力と焦りから業務委託契約の締結を待たずに先行着手（見切り発車）してしまい、その後に何らかの事情で開発を中止せざるを得なくなった場合、**それまでの制作費を支払う義務があるのかどうか**が問題になります。

　なお、民法上は契約書がなくても（口頭でも）契約は成立しますが、口頭の場合は受託者が契約の成立を主張しても委託者が不成立を主張すれば、証拠不足として契約の成立が認められないことがあります。そのため、トラブルの場合には契約書の存在が非常に大きな意味を持ちます。

● 支払い義務は認められにくい

　受託者としてはすでに行った作業に対して支払いが受けられないと非常に困ります。システムの規模によりますが、たとえば10人で1ヶ月作業していると数百万〜1,000万円ほどの人件費が飛びます。

　しかし法律上、契約を締結していないまま行った作業に対して報酬を支払う義務があるとは認められにくいのが現実です。もしこれが認められてしまうと、契約書でさまざまな約束ごとを決める意味がなくなってしまうからです。受託者にとって先行着手をせざるを得ない事情があったとしても、**客観的には勝手に作業を開始したように見えてしまう**のです。

● 適切な対処方法は？

　事前に予測ができないとはいえ、多くの場合、委託者の都合でプロジェクトは頓挫します。そのため、受託者は不測の事態に備えて、先行着手をせざるを得なかった理由として、次のような証拠を残しておくことが重要です。

- 委託者から指示や要望があったという事実
- 契約締結が遅れることになった経緯
- 作業開始することになった経緯

　これらについて、メールや文書があれば残しておき、電話や口頭で伝えられた場合でも「大事なことなのでトラブル防止のために内容をメールでください」と伝えておきましょう。

また、次のような場合には契約の成立が認められにくい傾向があります。

- 契約書のドラフト（原案）があっても押印されていない場合
- 作業の内容と目的が明確になっていない場合
- 契約締結前の作業が営業活動の一部と考えられる場合

● 仮発注書（内示書）があれば先行着手してもよい？

企業によっては、正式な契約書の締結に先立って仮発注書（内示書）を発行し、受託者は仮発注書の受領をもって先行着手をすることが常態化している場合があります。トラブルが生じたとき、仮発注書を受領しているのと受領していないのとでは大きな違いがありますが、**仮発注書はあくまでも形式的な手続きに過ぎず、正式な契約書と同等の法的拘束力は持たない**ことに注意しなければなりません。

先行着手をせざるを得ないということは、裏を返せば委託者も次のようなリスクを抱えている状況であることを意味します。

- 社内で要求事項がまとまっていない
- 希望する納期まで時間的猶予がない
- 開発開始後に仕様変更や追加要望が出てくる可能性が高い

このような状況でシステムを納期までに完成させることを受託者に求めること自体がプロジェクトの失敗につながる大きなリスクであることを委託者は認識しておかなくてはなりません。自社の利益を追求するのは企業として当然のことですが、「仮発注書さえ発行すれば、すべて受託者に責任を負わせられる」などと考えるべきではありません。

Point!

- **仮発注書は先行着手によるリスクを保証するものではない**
- **先行着手が委託者の指示によるものである証拠を残すことが重要**

着手金や前払いの可否について

　高額になることが多いシステム開発において、いかなる場合も後払いしか認められないということであれば、システムの規模が大きくなるほど受託者（開発者）が負う金銭的なリスクも増えることになりますが、**請負契約では受託者が成果物を完成させて納品（引き渡し）するという債務を果たすことによって報酬を受け取る権利が生じるので、後払いが原則**です。

　しかし、契約書に規定があれば、次のような場合は開発費用の一部を着手金や中間払いの名目で支払ってもらえる可能性があります。

- 開発段階に応じた中間払い
- システムの一部に利用するサードパーティー製品の購入費用
- 成果物の一部だけでもユーザーに利益が生じる場合の中間払い

　具体的な支払条件はプロジェクトによって異なりますが、法律上は請負契約に前払いの義務はありませんし、受託者が前払いを請求できる権利もありません。したがって、**着手金や中間払いを約束する場合は契約書に記載しておくことが必要不可欠**です。

契約書に規定すれば確実か？

　では、双方協議のうえ契約書に着手金や中間払いを行う条件や支払い期日などを明記しさえすれば、プロジェクトが頓挫した場合に確実に費用が回収できるかというと、必ずしもそうではありません。

　システム開発を含む商行為全般に関する法律行為は、当事者同士で交わす契約書に規定された事項が優先され、規定がない事項については法律（商法や民法）の規定が適用されますが、契約書が必ず法律よりも優先されるという意味ではありません。もしも契約書に規定した内容が法律に照らして不当である（妥当性が認められない）と判断された場合は、契約書を根拠とする主張は認められないことがあります。また、**下請法や特定商取引法など一部の法律については、（弱い立場にある下請企業や消費者を保護するために）契約書よりも法律が優先**されます。

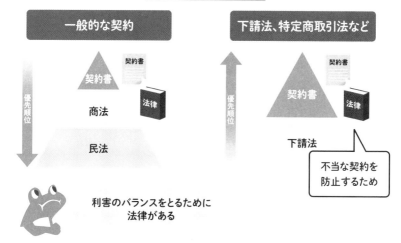

契約書と法律の優先順位

一般的な契約

下請法、特定商取引法など

優先順位

契約書
契約書
商法
法律
民法

利害のバランスをとるために
法律がある

優先順位

契約書
契約書
法律

下請法

不当な契約を
防止するため

● 支払い条件の明記

　開発費用の30%を着手金として契約書締結後1ヶ月以内に支払うことが契約書に規定されていた場合、受託者に全く落ち度がないのに委託者の一方的な理由で1ヶ月以内に開発が中止された場合を考えてみましょう。

　この場合、受託者が着手金を請求する権利は（請負契約であっても）認められる可能性が高いですが、権利は認められても満額の請求が認められるかどうかは微妙な判断となるでしょう。金額と支払期限が記載されていても、支払条件が記載されていなければ、委託者が「着手金は開発を継続できることが前提条件であり、（当社都合とはいえ）前提が崩れたのだから着手金の契約条項は無効だ」と主張し、満額の支払いが期待できなくなる可能性は十分にありえます。

　したがって、**法律の規定（請負契約＝後払い）と異なることを規定する場合は、支払条件を契約書に明記する**ことが重要です。たとえば「契約書締結日から1ヶ月以内に契約が解除された場合、理由の如何に関わらず委託者は開発費用の30%を所定の期日までに支払うこととする」といった条項を記載しておくことです。

　かなり受託者のリスクを抑えた条件ですが、具体的な条件については必ず双方が協議して決めましょう。開発の中止は金銭的な損失を伴いますが、条件次第で損失をどちらがどのくらい背負うのかが決まるといえます。もしど

269

ちらかが条件に納得できない場合は、そのまま契約を進めるべきではありません。

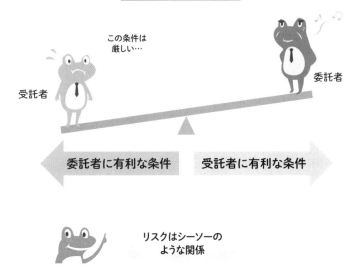

支払条件とリスクの関係

この条件は
厳しい…

受託者

委託者

委託者に有利な条件　　受託者に有利な条件

リスクはシーソーの
ような関係

 ## 途中解約時の報酬は請求できるのか？

双方どちらかの都合（一般的には委託者の都合が多い）によって開発途中で契約が解除された場合、受託者が報酬を請求できるケースは非常に限定的です。

そのひとつが中間払いですが、次の条件が必要不可欠です。

- ● ユーザーがシステムの一部の機能を利用できる状態であること
- ● その機能を利用することでユーザーに利益が生じること
- ● 中間払いの条件について契約書に規定されていること

「中間払い＝作業した分だけ請求」ではないことに注意してください。**請負契約の場合、委託者の都合で途中解約されたからといって作業量に応じた報酬を請求できるわけではありません。** そもそも、未完成のシステムに対して「完成した場合の何割ぐらいの価値があるか」を算定することは難しいからです。

　現実問題として、システムの一部だけが利用できてそれがユーザーの利益に資するような幸運なケースは極めて稀です。そのため、契約書に次のような条項を設けて、完了した作業に対して支払義務が生じることを規定したほうがトラブルを小さく抑えることができるでしょう。

> 委託者が本件契約を解除しようとするときは、委託者は受託者に対して本業務の終了部分について委託料を支払うこととし、未了部分について解約を申し出ることができる。

　ただし、どこまでが終了部分でどこからが未了部分なのかを明確にする尺度を規定しておかないと、受託者が「設計は完了している」と主張しても委託者は「まだ設計は完了していない」と主張し、トラブルが深刻化します。各工程の成果物と検収条件を契約書に規定し、上記の条項を工程を区切りとした表現に改めるとよいでしょう。

　あるいは、工程ごとに成果物に対する検収を行うこととし、各工程で作成する成果物のうち検収が完了した割合に応じて支払うという条件にすることも考えられます。たとえば全60画面のシステムで詳細設計の完了条件が設計書の検収である場合、20画面分の詳細設計書についてレビューが完了し検収書に押印されていれば、詳細設計の途中で解約されたとしても詳細設計費用の1/3までは請求権が認められる可能性があります。あくまでも権利が認められるのであって、実際に1/3が支払われることが保障されるわけではありません。

> Point!
> どこまで細かく検収ポイントや支払条件を規定するかによりますが、リスクを抑える最善策は、あらかじめ規程を細かくして予防線を張っておくことに尽きます（事前に約束していたという証拠を残しておく）。

損害賠償責任はどこまで問えるか？

　納品後に重大なシステム障害が発生したことにより、システムを利用する業務だけでなくユーザーの取引先にまで影響が波及する場合があります。そ

のため、委託者には受託者に対する損害賠償請求権が認められています。その一方、まだ実害が発生していない将来の損害に対しても賠償請求ができてしまうと、受託者は不当に大きな責任を負わされることになりかねません。

　そこで、両者の利害のバランスをとるために、経済産業省のIT政策実施機関である独立行政法人情報処理推進機構（IPA）はソフトウェア開発委託基本モデル契約書を策定し、損害賠償責任について次の条項を規定しています。

（損害賠償）

第53条　甲及び乙は、本契約及び個別契約の履行に関し、相手方の責めに帰すべき事由により損害を被った場合、相手方に対して、（○○○の損害に限り）損害賠償を請求することができる。但し、この請求は、当該損害賠償の請求原因となる当該個別契約に定める納品物の検収完了日又は業務の終了確認日から○ヶ月間が経過した後は行うことができない。

2.　本契約及び個別契約の履行に関する損害賠償の累計総額は、債務不履行（契約不適合責任を含む、）不当利得、不法行為その他請求原因の如何にかかわらず、帰責事由の原因となった個別契約に定める○○○の金額を限度とする。

3.　前項は、損害賠償義務者の故意又は重大な過失に基づく場合には適用しないものとする。

出典：独立行政法人情報処理推進機構「〜情報システム・モデル取引・契約書〜　（受託開発（一部企画を含む）、保守運用）〈第二版〉ソフトウェア開発委託基本モデル契約書 条文抜き出し版」(https://www.ipa.go.jp/digital/model/model20201222.html)

　実際の開発でも、モデル契約書を参考にしつつ、次のポイントが含まれるように契約書を作成するのが一般的です。

- 「○○○の損害に限り」の部分を「直接かつ現実に生じた通常の損害に限り」とすることで、損害の範囲を限定すること。
- 「○ヶ月間」の部分を「1年間」などとし、損害賠償の請求期間を制限すること。
- 「個別契約に定める○○○の金額」の部分を「個別契約に定める報酬の金額」とすることで、損害賠償額に限度額を設定すること。

損害賠償責任の制限は妥当？

　システム障害の原因は当該システムにあるとは限らず、システムに組み込まれている他の製品に起因する場合もあります。その場合、受託者は当該製

品を開発した当事者ではないため修正が困難です。また、システム開発の費用のほとんどは人件費であることから、システムに期待できる品質（信頼性）は契約金額に比例すると考えられます。さらに、多くの場合、無理な納期や相次ぐ仕様変更によって品質を十分に保てなかったことがシステム障害の一因であるケースが多く、これには委託者にも過失があったとして賠償請求額が（過失相殺により）減額される裁判例が多く見られます。

　こういった事情から、**契約金額を超える損害については委託者が負担するべきという考え方が一般的**です。

Point!

- 損害賠償責任には契約書で制限を規定するのが一般的
- 契約金額を超える損害は請求できないと考えるのが一般的

04 「情報」に関して注意すべきことは？

情報の取り扱いについて注意すべきことは何だろう？

どのような情報や権利が法律で保護されているかを知ることと、情報漏えいの防止策を講じることだよ

情報に起因するリスク

　システムが取り扱うデータには、ID、パスワード、氏名、生年月日など個人情報だけでなく、業務上の機密情報も含まれます。これらが漏えいした場合、本人になりすましてクレジットカードが不正に使用されて金銭的な実害が生じたり、情報が他者へ売却されて（システムとは直接関係のない）さまざまな詐欺行為に利用されるなど、予想できないほど被害が拡大する可能性があります。情報を不正利用した者が悪いとはいえ、足取りがつかめない場合も多く、結局はシステムの管理元である企業が次のようなリスクにさらされます。

- 損害賠償責任を問われる
- 刑事責任を問われる（刑事罰、罰金）
- 社会的信用を失う（顧客離れ、取引停止、株価下落、SNSで悪評）
- データの悪用（金銭の搾取、詐欺、他社への流出）
- 事業の廃止に追い込まれる

個人情報の保護について

　個人情報は個人情報保護法で保護されています。まず、個人情報を取り扱う事業者は、個人情報の件数に関わらずすべて個人情報保護法の対象である

ことを押さえておきましょう。非営利の事業であっても対象となります。さらに、**2022年の個人情報保護法改正によって、個人情報の漏えい・滅失・毀損があり、個人の権利・利益を害する恐れが大きい場合は報告・通知が義務化**されました。違反した場合の罰則も従来よりも重くなっており、特に違反を行った行為者が法人の場合、罰金の上限が大幅に引き上げられています。

法改正で重くなった罰金

	行為者	法人
個人情報保護委員会からの措置命令違反	30万円以下→100万円以下	30万円以下→1億円以下
個人情報データベース等の不正流用	50万円以下→50万円以下	50万円以下→1億円以下
報告義務違反（虚偽報告など）	30万円以下→50万円以下	30万円以下→50万円以下

　個人情報を流出させた側には、漏えいした本人に対して民法の不法行為（プライバシー権侵害）が成立し、過去の裁判例では概ね一人あたり数千円から数万円の損害賠償（慰謝料）が命じられています。漏えいした件数によっては企業が傾くほど巨額の賠償金になる場合があります。

　特に、個人情報保護委員会からの措置命令に違反した場合と、個人情報データベース等の不正流用に該当する行為が認められた場合については、罰金の上限が1億円まで引き上げられています。

●個人情報保護法で保護される範囲

　以下に該当する情報はすべて個人情報です。

> 生存する個人に関する情報であって、当該情報に含まれる氏名、生年月日その他の記述などによって特定の個人を識別できるもの（他の情報と容易に照合することができ、それによって特定の個人を識別することができることとなるものを含む。）、または個人識別符号が含まれるもの。

　たとえばSNSのアカウント名は、それ単体では個人を特定することはできませんが、投稿内容やコメントのやり取りなどから勤務先や交友関係が知られてしまうと個人の特定が可能となる可能性があり、その場合は個人情報に該当します。

知的財産権の保護について

　知的財産権は産業財産権と著作権に分けられます。

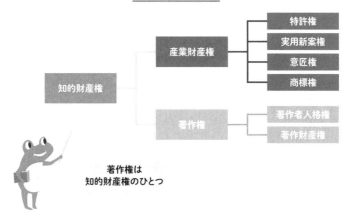

知的財産権の分類

　著作権は
　知的財産権のひとつ

　知的財産権によって保護される対象は次のとおりです。

【産業財産権で保護されるもの】

> 技術的なアイデア（→特許権、実用新案権）
> デザイン（→意匠権）
> 商品やサービスの名称、ロゴマーク（→商標権）

【著作権で保護されるもの】

> 著作物を公表するかどうか決める権利（→著作者人格権）
> 著作者の名前を著作物に表示するかどうか決める権利（→著作者人格権）
> 著作物の内容や表題を意に反して改変されない権利（→著作者人格権）
> ソースコードの複製（→著作財産権）

　よく問題になるのがプログラムのソースコードに関する著作財産権です。システムの所有権は契約書で規定した時期（委託料の支払や納品、検収完了など）にユーザーに移転しますが、システムを構成するプログラムの著作権について契約書に規定しておかないと、ソースコードの引き渡しをめぐって

争いが起きる可能性があります。

ソースコードの著作権に関する問題

ソースコードの著作権をユーザーに移転すると、ユーザーはソースコードを複製して別のシステムを安価に入手したり、一部を改変してシステムの機能追加その他アップデートを行うことができます。ユーザーにとってはメリットですが、図のようにソースコードを別の目的に再利用すると、ベンダーにとっては自社のノウハウが流出したことになり、本来得られるはずだった利益（開発したシステムの保守契約や、新たなシステムの開発で得られる報酬）が得られないことになり、間接的に金銭的損害を被ることになります。

そこで問題になるのが、システム開発の業務委託契約に著作権の移転費用が含まれるのかどうかという点です。結論から言うと、**契約書に規定がなければ、委託料を支払ったからといって著作権は移転しません**。著作権法第17条に、著作権は著作者にあるという旨が記載されているからです。これは、**委託料はあくまでも業務委託契約に基づく報酬であって、著作権をユーザーに移転する対価ではない**ことを意味しています。

しかし、システムを構成するすべてのプログラムのソースコードに対して

ベンダーが著作権を主張すると、ユーザーは一切の機能追加や修正ができないことになり不便が生じます。そのため、ユーザーが本来の目的（自社の業務のために利用する）の範囲内であれば、ソースコードの改変や追加を行うことを認める代わりに、ベンダーはそれらに対する保守の義務を負わないこととするなど、契約書に著作権の帰属と利用許諾の範囲を規定しておくことが重要です。

> Point!
> - 委託料は開発に対するものであって著作権を移転する対価ではない
> - 契約書に著作権の帰属と利用許諾の範囲を規定しておく

情報漏えいの原因と対策

次の図は情報漏えいの原因を社内と社外に分類したものです。

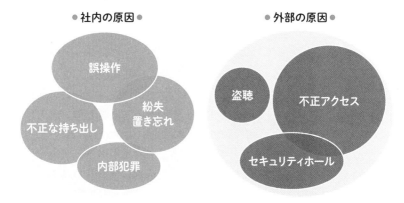

情報漏えいの原因

特に社内の原因については、顧客データが入った媒体（USBメモリなど）を社外へ持ち出して紛失した事例が近年ニュースにもなり、人為的ミスが問題視されています。

情報処理推進機構の「内部不正による情報セキュリティインシデント実態調査」報告書によると、このような内部不正が行われる理由として、「業務が忙しく、早く終わらせるために持ち出す必要があった」「社内にルールはあ

るが他の人もやっているので自分もやった」「会社の処遇や待遇に不満があった」などが多いことがわかっています。

[参考URL]
https://www.ipa.go.jp/archive/security/reports/economics/insider.html

　そこで、情報漏えい防止のために次のことを実施しましょう。

1. IDカードによる入館・入退室管理
2. 社員証の携行を義務化
3. サーバールームの入室権限設定（一部の社員に限定）
4. 情報の取り扱いに関する社内ルールの策定、手順化
5. セキュリティシステムの導入

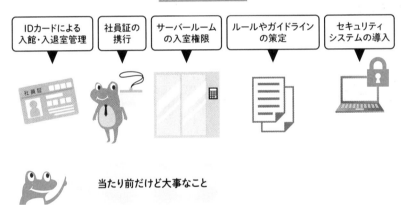

情報漏えい防止策

| IDカードによる入館・入退室管理 | 社員証の携行 | サーバールームの入室権限 | ルールやガイドラインの策定 | セキュリティシステムの導入 |

当たり前だけど大事なこと

裁判によらないトラブル解決方法（ADRの活用）

ADRとは、裁判によらず公正中立な第三者が当事者間に入り、話し合いを通じて解決を図る手続です。システム開発の紛争に関しては、一般財団法人ソフトウェア情報センターに設置されたADR（ソフトウェア紛争解決センター）が次の4つのサービスを提供しています。

●仲裁

裁判ではなく仲裁人の判断に紛争の解決を委ねる解決方法です。仲裁の結果は裁判の判決と同様の効果があり、強制執行が可能です。ただし、仲裁の利用には当事者双方の合意が必要です。また、仲裁の結果に対して不服を申し立てることはできません。

●中立評価

ソフトウェア分野の専門家が中立の立場から技術的な事項や法律的な問題について判断や解決案の提示を行う方法です。仲裁のような法的拘束力はありませんが、もし裁判になった場合は専門家の判断理由が一定の意味を持つことが期待できると考えられます。

●単独判定

当事者の一方からの申立に基づいてソフトウェア分野の専門家が中立の立場から判定を行う方法です。仲裁のような法的拘束力はありませんが、相手方に知られることなく判定結果を得られます。

●和解あっせん

中立の第三者（あっせん人）が解決案を提示し、紛争の両当事者が同意することによって解決を図る方法です。同意すると民法上の和解契約と同等の効果が発生し、譲歩した内容について後から争うことはできなくなります。

おわりに

　最後までお読みいただき、ありがとうございました。

　システム開発は、動くお金も大きく双方の利害が対立する中、さまざまな課題がつきまといます。特に、業務にも技術にも精通したSEがいない企業では、業務を知らない他社へ開発を外注することになりますので、技術に詳しくないユーザーと業務に詳しくないベンダーとの溝を埋める能力と努力が求められます。これは双方の相互理解と協力がなくてはできないことです。

　チームワークやコミュニケーション、最新技術の継続的な学習や導入、ユーザーとの継続的なコミュニケーションなどが重要であることは言うまでもなく、そのための学びが得られる良書は世の中にたくさんありますが、開発に関わる人だけが学んでもプロジェクトが成功するとは限りません。開発会社に所属していた頃は大きな声では言えませんでしたが、プロジェクトが失敗する原因の半分はユーザー側にもあります。会社間および社内での利害対立とパワーバランス、要件を正しく伝える表現スキルの不足、約束を守らないなど、ユーザー側が改善の努力をしなければ解決できない問題もたくさん潜んでいます。

　そのことを、システム開発を発注する立場の方にも知って欲しいという思いから、本書では両方の立場からプロジェクトの問題点を描写することに努めました。開発の規模や立場によって直面する問題は多岐にわたりますが、ひとりでも多くの方々に、ひとつでも多くのプロジェクトに、システム開発を成功に導くためのヒントを見出していただけることを願っています。

中田　亨
2024年6月

索引

著者略歴

中田　亨（なかた　とおる）

1976 年兵庫県生まれ 神戸電子専門学校 / 大阪大学理学部卒業。ソフトウェア開発会社で約 10 年間、システムエンジニアとして Web システムを中心とした開発・運用保守に従事。独立後、マンツーマンでウェブサイト制作とプログラミングが学べるオンラインレッスン CODEMY（コーデミー）の運営を開始。初心者から現役 Web デザイナーまで、幅広く教えている。著書に「WordPress のツボとコツがゼッタイにわかる本［第 2 版］」「Vue.js のツボとコツがゼッタイにわかる本［第 2 版］」「図解！　TypeScript のツボとコツがゼッタイにわかる本"超"入門編」「図解！　HTML&CSS のツボとコツがゼッタイにわかる本」（いずれも秀和システム）などがある。

レッスンサイト　https://codemy-lesson.office-ing.net/

監修者略歴

山本特許法律事務所　東京オフィスパートナー
弁護士

三坂　和也（みさか　かずや）

2007 年早稲田大学法学部卒業、2010 年早稲田大学法科大学院卒業、同年司法試験合格。2011 年弁護士登録。2020 年カリフォルニア大学バークレー校ロースクール卒業（LL.M.）。大手製薬企業の企業内弁護士兼知的財産部員として、海外の企業との大規模な契約、医薬品医療機器等法の規制対応、特許訴訟、知財戦略などを担当し、2017 年に山本特許法律事務所に入所。山本特許法律事務所に入所後は、大企業の契約案件や知財紛争を対応する弁護士として従事。2019 年から 2 年間の米国留学を経て、2021 年 10 月に山本特許法律事務所のパートナー弁護士として東京オフィスを立ち上げる。現在は主に IT 業界や EC 業界の企業を中心に、著作権、商標、特許に関する知財戦略の相談や紛争対応、契約書作成、M&A まで、幅広く対応している。
著書に「著作権のツボとコツがゼッタイにわかる本」（当社刊、共著）がある。

図解！
システム開発で失敗しないための
ツボとコツがゼッタイにわかる本

発行日　2024年　7月　7日　　　　第1版第1刷

著　者　中田　亨
監　修　三坂　和也

発行者　斉藤　和邦
発行所　株式会社　秀和システム
　　　　〒135-0016
　　　　東京都江東区東陽2-4-2　新宮ビル2F
　　　　Tel 03-6264-3105（販売）　Fax 03-6264-3094
印刷所　三松堂印刷株式会社　　　　Printed in Japan

ISBN978-4-7980-7217-3 C3055